"十三五"国家重点出版物出版规划项目

名校名家基础学科系列
Textbooks of Base Disciplines from Top Universities and Experts

概率论与数理统计（经济类）

贾鲁军　傅宗飞　吴爱娟　编
（中国人民大学）

机械工业出版社

本书是"十三五"国家重点出版物出版规划项目"名校名家基础学科系列"教材之一. 作者精心选择和设计能适应并促进学生知识学习、能力培养和素养提高三方面协调发展的内容,注重将精炼的数学知识、丰富的数学应用和有趣的人文历史故事融为一体. 在概念的引入和内容的叙述上,全书力求做到自然直观、通俗易懂.

本书科学、系统地介绍了随机事件与概率、随机变量的分布与数字特征、随机向量的分布与数字特征、数理统计的基础知识、参数估计与假设检验等内容,并穿插介绍了一些相关的应用实例和经济、金融中的数学模型. 本书每节都配有基础练习题,各章后还配有精选的综合性习题.

本书适合普通高等学校经济管理类各专业学生使用,也适合作为考研复习的参考书.

图书在版编目(CIP)数据

概率论与数理统计:经济类/贾鲁军,傅宗飞,吴爱娟编 . —北京:机械工业出版社,2021.5

(名校名家基础学科系列)

"十三五"国家重点出版物出版规划项目

ISBN 978-7-111-68053-6

Ⅰ.①概… Ⅱ.①贾… ②傅… ③吴… Ⅲ.①概率论—高等学校—教材②数理统计—高等学校—教材 Ⅳ.①O21

中国版本图书馆 CIP 数据核字(2021)第 070835 号

机械工业出版社(北京市百万庄大街22号 邮政编码100037)

策划编辑:汤 嘉 责任编辑:汤 嘉
责任校对:张 薇 封面设计:鞠 杨
责任印制:张 博

涿州市般润文化传播有限公司印刷

2021 年 8 月第 1 版第 1 次印刷

184mm×260mm · 11.25 印张 · 257 千字

标准书号:ISBN 978-7-111-68053-6

定价:35.00 元

电话服务 网络服务

客服电话:010 – 88361066 机 工 官 网:www.cmpbook.com

010 – 88379833 机 工 官 博:weibo.com/cmp1952

010 – 68326294 金 书 网:www.golden – book.com

封底无防伪标均为盗版 机工教育服务网:www.cmpedu.com

前　言

本书是"十三五"国家重点出版物出版规划项目"名校名家基础学科系列"教材之一.为了适应信息化时代教学的新特点、新理念、新趋势和新需求,发挥教材在引导教师教学方式和学生学习方式转变上的重要作用,编写本书时特别强调了以下几个方面:

1. 精心选择和设计能适应并促进学生知识学习、能力培养和素养提高三方面协调发展的内容,注重将精炼的数学知识、丰富的数学应用和有趣的人文历史故事融为一体.

2. 以问题为导向,注重启发学生自主探究,以"提出问题、分析问题、解决问题和提出新问题"的形式引导学生进行学习;注重引导和帮助学生培养自主学习的意识、习惯和能力,引导和推动学生由被动地学到主动地学、再由主动地学到研究性地学.

3. 采取模块化设计,注重一维与二维、离散与连续的对比,注重利用图表以及计算工具和软件辅助教学,新教材能适用于不同层次、不同课时的教学需要,有利于教师因材施教.

4. 综合运用多种介质,通过二维码和网络学习平台的方式融入适当的数字化资源.

5. 分节配置基础练习题,分章配置综合性习题,每章都给出重要术语和重要内容的小结.各节的练习主要是用来帮助读者消化和理解本节的学习内容,各章习题可以帮助读者加强知识间的联系,培养综合分析和应用的能力.

贾鲁军提出本书整体结构的设计,并负责编写第2、3章;傅宗飞负责编写第1章;吴爱娟负责编写第4、5章,全书由贾鲁军统稿.

贾鲁军

2020 年 9 月 13 日

目　　录

第 1 章

随机事件与概率

1.1 导论:随机现象、统计规律和统计概率、主观概率、概率论简史

节前导读:

本节将要引入概率论的研究对象——随机现象,并初步了解随机现象,以及用统计规律研究简单的随机现象,了解概率论的基本简史.

1.1.1 随机现象

概率论是研究随机现象的数量规律的数学学科,是近代数学的重要组成部分,同时也是近代经济、金融理论研究的重要数学工具.

自然界和生活中发生的现象是多种多样的. 在观察、分析、研究各种现象时,通常我们将它们分为两类:一类是可以事前预言的,即在准确地重复某些条件下,它的结果总是确定的,或者根据它过去的状况,在相同条件下完全可以预言将来的发展,例如,在标准大气压下,纯水加热到100℃必然沸腾;向空中抛掷一枚骰子,骰子必然会下落;在没有外力作用下,物体必然静止或做匀速直线运动;太阳每天必然从东边升起,西边落下等,称这一类现象为确定性现象或必然现象. 另一类是在个别试验中会呈现出不确定的结果,而在相同条件下大量重复试验会呈现规律性的现象,我们称之为随机现象(或偶然现象). 例如,在相同条件下,抛掷一枚硬币,其结果可能是正面朝上,也可能是反面朝上,并且在每次抛掷之前无法确定抛掷的结果是什么. 因此我们在给定条件下,将事先不能确定结果的现象称为**随机现象**(random phenomenon),将事先能确定结果的现象称为**确定性现象**. 生活中存在大量的随机现象,同时这些现象时时刻刻都在影响着我们,对随机现象的研究是不可或缺的,概率论就是以随机现象为研究对象. 对于随机现象通常我们关心的是某个结果是否出现,这些结果称为**随机事件**(random event),简称事件(event). 例如,投掷一枚骰子可能出现的点数是随机现象,而出现3点,或者出现的点数是偶数等都是随机事件,以后我们一般用大写

英文字母 A,B,C 等表示随机事件.

1.1.2 统计规律和统计概率

人们经过长期实践和深入研究之后,发现随机现象在个别试验中,偶然性起着支配作用,呈现出不确定性,但在相同条件下的大量重复试验中,却呈现出某种规律性——**频率稳定性**. 随机现象的这种规律性我们称之为统计规律性. 概率论与数理统计是研究和揭示随机现象的统计规律性的一门数学学科.

对于随机事件 A,若在 n 次试验中出现了 r 次,则称

$$f_n(A) = \frac{r}{n}$$

为随机事件 A 在 n 次试验中出现的频率.

下面我们举几个频率稳定性的例子.

在抛一枚硬币时,既可能出现正面向上,也可能出现反面向上,在抛之前不可能知道结果,如果假设硬币是均匀的,直观上出现正面向上与反面向上的机会应该是相等的,即在大量试验中出现正面向上的频率应该接近 50%,为了证明这一点,历史上曾经有不少人做过这个试验,其结果如表 1.1.1 所示.

表 1.1.1

试验者	抛掷次数	正面次数	正面频率
Buffon	4040	2048	0.5069
Pear	12000	6019	0.5016
Pears	24000	12012	0.5005

再如,历史上有关婴儿性别的统计调查,拉普拉斯(1794—1827)借助彼得堡、柏林和全法国的教堂洗礼记录,发现男孩出生的频率趋于 $\frac{22}{43} \approx 0.512$,克拉梅(1893—1985)借助瑞典 1935 年的官方统计资料,发现女孩出生的频率趋于 0.482.

上述事实表明,随机现象有其偶然性的一面,也有其必然性的一面,这种必然性表现为大量试验中随机事件出现的频率的稳定性,即一个随机事件出现的频率在某个固定的常数附近波动,这种规律我们称之为**统计规律**. 频率的稳定性说明随机事件发生的可能性的大小是随机事件本身固有的、不随人们意志而改变的一种客观属性,因此可以对它进行度量,这个度量就是我们所说的**概率**(probability),即概率是度量随机事件发生可能性大小的量. 既然频率具有稳定性,那么在不知道具体的概率时,我们用频率替代概率,此时称为**统计概率**.

1.1.3 主观概率

在现实生活中有一些随机现象是不能重复或者不能大量重复

的,此时事件的概率该如何确定呢? 统计学界的贝叶斯学派认为:一个事件的概率是人们根据经验对该事件发生的可能性所给出的个人信念,这个概率称之为**主观概率**. 由于主观概率建立在过去的经验与判断的基础上,根据对未来事态发展的预测和历史统计资料的研究确定的概率,因此会因人而异.

这种利用经验确定随机事件发生可能大小的例子有很多,这时人们就利用主观概率,例如:

(1) 手术医生如何确定某项手术成功的概率? 此时医生根据自己多年的临床经验和患者的病情给出一个概率,例如:90%;

(2) 投资经理如何确定某项投资成功的概率? 投资经理根据自己的经验、历史资料以及市场环境给出一个概率,例如:80%;

(3) 老师如何给出一个学生考试及格的概率? 老师会根据自己的教学经验以及学生平时学习的情况给出一个概率,例如:60%.

1.1.4　概率论简史

概率论的历史呈现出理论和应用相互促进的现象,理论的进展开辟了应用的新领域,反过来每一个新的应用又产生出新的理论.

从亚里士多德时代开始,人们就已经认识到随机性在客观世界中的普遍性,但人们没有认识到研究并量化随机性的可能性,而是把随机性看作破坏规律、超越人们理解能力范围的东西. 直到 15 世纪,人们才开始数量化研究随机性,并尝试从中发现客观规律. 特别是在 20 世纪发展成一门严格的数学分支——概率论. 至今,概率论已给人类社会活动产生了深远的影响,还改变了人们的思维方式,成为人们探索未知自然奥秘的有力工具.

概率论的发展历史大概经历如下阶段:萌芽时期(1654 年之前),以数据统计为主要手段,主要研究保险、赌博、占卜等实际问题;古典概率论时期(1654—1812),主要研究离散型随机变量,以排列组合方法为主要手段,标志性的著作是 1657 年惠更斯的《论赌博中的计算》;近代概率论时期(1812—1933),研究连续型随机变量为主,以微积分等分析方法为主要手段,标志性著作是 1812 年拉普拉斯的《分析概率论》;现代概率论时期(1933 至今),以集合论、测度论为研究基础,研究内容逐渐趋向多元化,标志性著作是 1933 年科尔莫戈罗夫的《概率论基础》.

练习 1.1

1. 在一个大学班级里,有 200 名学生上学期期末参加了代数(A)、微积分(C)和概率(P)三门考试. 已知在 A、C、P 三门考试中获得优秀的学生分别为 24 人、12 人和 33 人. 在 A 和 C 两个科目中都取得优秀的有 7 人,在 A 和 P 两个科目中取得优秀的有 10 人,在

C 和 P 两个科目中取得优秀的有 6 人,在 A、C、P 三个科目中都取得优秀的有 3 人,如果我们随机选择一个学生,利用统计概率求

(1)此学生只有代数取得了优秀的概率;

(2)此学生概率论和代数取得优秀,微积分没有优秀的概率;

(3)此学生三门考试都优秀的概率.

2. 用主观概率法确定大学生中戴眼镜的概率.

1.2 随机事件:概念、集合表示、运算与关系

节前导读:

本节将要引入概率论的基本概念——随机事件,事实上,就是把数学中的集合工具引入概率论中,在 1.1 节中我们已经提到了随机事件,但是在那里只是做了直观说明,现在我们可以用集合精准地表示随机事件.

本节主要讨论:如何研究随机现象?如何表示样本空间?有了样本空间如何表示随机事件?以及如何定义事件的运算和关系?

1.2.1 随机试验

概率的研究对象是随机现象,但不是所有的随机现象都可以作为研究对象,它们必须是具有一定规律的随机现象,或者带有某种必然的随机现象.那么,什么叫作具有一定规律的随机呢?简单说,这些随机现象必然具有可观察性或实验性.对随机现象的观察,无论是在自然条件下还是在实验条件下,统称为**随机试验**(random experiment),简称**试验**.

随机试验具有以下特点:

(1)可重复性:可以在相同条件下重复进行;

(2)可观察性:每次试验的可能结果不止一个,并且事先可以明确试验的所有可能结果;

(3)随机性:进行一次试验之前不能确定哪一个结果会出现.

也就是说,要把我们研究的随机现象看作满足上面条件的随机试验,对于一些实际的问题,有时需要我们做一些合理的假设建立随机试验或者模型.

例如,投掷一枚骰子,记录投掷出来的点数.这个试验在相同的条件下可以重复无数次.并且,每次投掷出来的点数不能预测,是随机的,但是它的可能结果我们是知道的,同时也不是说投掷出来的点数完全是没有规律的.事实上,如果投掷 10 次,20 次,50 次或者 100 次,就会发现每个点数出现的次数大概是试验总次数的 $\frac{1}{6}$.这就是我们要找的规律性.

1.2.2　随机事件

在概率论中,随机试验中可以观察到的任意一个结果,均称为**随机事件**(random event),简称**事件**(event),通常记作 $A,B,C,\cdots$.

例 1.2.1　在抛掷一枚骰子的随机试验中,令

$A=$ "点数为偶数", $B=$ "点数小于 5",

$C=$ "点数小于 7", $D=$ "点数大于 6".

显然 A,B,C,D 都是随机事件.

说明:随机试验中一定发生的事件称为**必然事件**(certain event),记作 $\varOmega$,一定不发生的事件称为**不可能事件**(impossible event),记作 $\varnothing$.

1.2.3　样本空间

为了研究随机试验,首先要知道随机试验的所有结果. 随机试验的每种可能的基本结果,称为一个**样本点**(sample point),记作 ω,全部样本点的集合称为试验的**样本空间**(sample space),记作 $\varOmega$.

例 1.2.2　在抛掷一枚骰子的试验中,其样本空间可取为

$$\varOmega=\{1,2,\cdots,6\}.$$

例 1.2.3　苹果树上落下的苹果能否砸中你? 其样本空间可取为

$$\varOmega=\{0,1\}.$$

其中,0 表示没有砸中,1 表示砸中.

例 1.2.4　在一批灯泡中任意抽取一个,测试它的寿命,其样本空间可取为

$$\varOmega=(0,+\infty).$$

例 1.2.5　投掷两枚骰子可能的点数,其样本空间可取为

$$\varOmega=\{(i,j),i,j=1,2,\cdots,6\}.$$

从上面的例子可以看出,根据研究的问题不同,样本空间种类众多,所含元素有的有限,有的无限可数,有的无限不可数.

1.2.4　随机事件的集合表示

在样本空间的定义中我们已经引入数学工具集合,同样对于随机事件,我们也用集合来表示.

例 1.2.6　在抛掷一枚骰子的随机试验中,令

$A=$ "点数为偶数",则 $A=\{2,4,6\}$;

$B=$ "点数小于 5",则 $B=\{1,2,3,4\}$;

$C=$ "点数小于 7",则 $C=\varOmega$;

$D=$ "点数大于 6",则 $D=\varnothing$.

引入样本空间 $\Omega = \{1,2,\cdots,6\}$，则上述事件均可以表示为 Ω 的子集. 事实上,任一随机事件 D 均可以表示为适当选定的样本空间 Ω 的子集(见图 1.2.1).

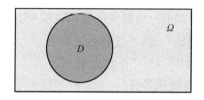

图 1.2.1

例1.2.7 一个袋子中装有 3 个白球和 2 个黑球,其中白球编号分别为 1,2,3,黑球编号分别为 4,5. 从袋子中不放回地取球,令
$$A = \text{"第 2 次取到黑球"},$$
请选择适当的样本空间 Ω 将事件 A 表示为其子集.

解法1:依次记录 5 次取球结果,则样本空间为
$$\Omega = \{(12345),(12354),\cdots\},$$
其中,Ω 包含的样本点数共有 5! 个,事件 A 可作为 Ω 的子集表示为
$$A = \{(14235),(15234),\cdots\},$$
其中,包含的样本点数共有 $2 \times 4!$ 个.

解法2:只依次记录前 2 次取球结果,则样本空间为
$$\Omega = \{(12),(13),(14),(15),\cdots\},$$
其中,Ω 包含的样本点数共有 4×5 个,事件 A 可作为 Ω 的子集表示为
$$A = \{(14),(15),(24),(25),(34),(35),(45),(54)\},$$
其中,包含的样本点数共有 2×4 个.

解法3:只记录第 2 次取球结果,则样本空间为
$$\Omega = \{1,2,3,4,5\},$$
其中,Ω 包含的样本点数共有 2 个,事件 A 可作为 Ω 的子集表示为
$$A = \{4,5\},$$
其中,包含的样本点数共有 2 个.

上述例子表明:样本空间可以根据研究问题的需要选择不同的集合.

1.2.5 随机事件的关系和运算

在随机试验中,一般有很多随机事件,对于一个复杂的事件往往可以用简单事件来表示,因此我们需要研究事件之间的关系和事件之间的一些运算. 事件是一个集合,因而事件间的关系与事件的运算自然按照集合论中集合之间的关系和集合运算来处理. 根据"事件发

生"的含义,下面给出事件的关系和运算在概率论中的提法.

1. 事件的包含

若事件 A 发生必然导致事件 B 发生,则称事件 B 包含事件 A,
或称事件 A 包含于事件 B,或称 A 是 B 的子事件,记作 $B \supset A$ 或 $A \subset B$(见图 1.2.2).

2. 事件的相等

若事件 A 与事件 B 相互包含,则称事件 A 与事件 B 相等(见图 1.2.3),记作 $A = B$.

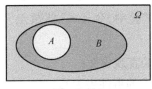 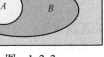

图 1.2.2   图 1.2.3

3. 事件的和

事件 A 与事件 B 至少有一个发生,这一事件称为事件 A 与事件 B 的和(或并)(见图 1.2.4).记作 $A + B$(或 $A \cup B$).

4. 事件的积

事件 A 与事件 B 都发生,这一事件称为事件 A 与事件 B 的积(或交)(见图 1.2.5).记作 AB(或 $A \cap B$).

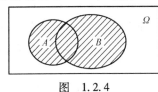 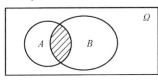

图 1.2.4   图 1.2.5

一系列事件 $E_1, E_2, \cdots$ 的和记为 $\sum_i E_i$ 或 $\bigcup_i E_i$,表示 $E_1, E_2, \cdots$ 中至少有一个发生.

一系列事件 $E_1, E_2, \cdots$ 的积记为 $\prod_i E_i$ 或 $\bigcap_i E_i$,表示 $E_1, E_2, \cdots$ 同时发生.

5. 事件的差

事件 A 发生而事件 B 不发生,这一事件称为事件 A 与 B 的差(见图 1.2.6).记作 $A - B$.

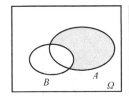 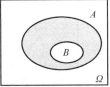

图 1.2.6

说明:(1)$\Omega - A$ 记作 $\overline{A}$,称为 A 的对立事件,表示"事件 A 不发生";

(2)$A - B = A\overline{B}$.

6. 事件的互斥

若事件 A 与事件 B 不可能同时发生,即 $AB = \varnothing$,则称事件 A 与 B 互不相容,简称互斥.

7. 事件的对立

若事件 A 与事件 B 满足 $B = \overline{A}$,则称事件 A 与事件 B 对立.

例1.2.8 在抛掷一枚骰子的试验中,令 A = "偶数点",B = "点数小于5".

(1)描述 $A + B$,AB,$A - B$,$B - A$ 的直观含义;

(2)引入样本空间 Ω 将第(1)问中的事件表为其子集.

解:令样本空间 $\Omega = \{1,2,3,4,5,6\}$,则 $A = \{2,4,6\}$,$B = \{1,2,3,4\}$.

$A + B$ = "点数不是5" = $\{1,2,3,4,6\}$;

AB = "小于5的偶数点" = $\{2,4\}$;

$A - B$ = "点数为6" = $\{6\}$;

$B - A$ = "小于5的奇数点" = $\{1,3\}$.

例1.2.9 某人向指定目标射击三枪,令 A_i = "第 i 枪击中",$i = 1,2,3$,请用上述三个事件分别表示下列事件:(1)只有第一枪击中;(2)至少有一枪击中;(3)至少有两枪击中;(4)至多有两枪击中.

解:令 A = "只有第一枪击中",B = "至少有一枪击中",C = "至少有两枪击中",D = "至多有两枪击中",则

$A = A_1\overline{A_2}\overline{A_3}$;$B = A_1 + A_2 + A_3$;$C = A_1A_2 + A_1A_3 + A_2A_3$;$D = \overline{A_1} + \overline{A_2} + \overline{A_3}$.

想一想 用集合表示事件会给解决问题带来什么好处?

8. 完备事件组

若事件列 A_1,A_2,$\cdots$ 满足:

(1)$A_iA_j = \varnothing$,$i \neq j$,$i,j = 1,2,\cdots$;

(2)$\sum\limits_{i=1}^{\infty} A_i = \Omega$.

则称事件列 A_1,A_2,$\cdots$ 构成 Ω 的一个**完备事件组**(见图1.2.7).

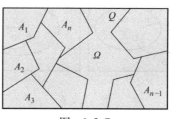

图 1.2.7

9. 事件的运算律

事件的运算律和集合的运算律一致,归纳如下:

(1)交换律 $A \cup B = B \cup A, A \cap B = B \cap A$;

(2)结合律 $(A \cup B) \cup C = A \cup (B \cup C)$;

$\qquad (A \cap B) \cap C = A \cap (B \cap C)$;

(3)分配律 $(A \cup B) \cap C = (A \cap C) \cup (B \cap C)$;

$\qquad (A \cap B) \cup C = (A \cup C) \cap (B \cup C)$;

(4)互补律 $A \cup \bar{A} = \Omega, A \cap \bar{A} = \varnothing$;

(5)对偶律(德摩根律) $\overline{(A + B)} = \bar{A}\ \bar{B}, \overline{(AB)} = \bar{A} + \bar{B}$.

练习 1.2

1. 写出下列每个试验的样本空间,对于每个样本空间,指出它是有限的、无限可数的还是无限不可数的.

(1)投掷两次骰子;

(2)有三个子女的家庭的子女性别;

(3)随机选择一个小于 100 的自然数;

(4)从区间 $[0,1]$ 中随机选取实数;

(5)某人一天内收到的移动电话的呼叫次数;

(6)生活在某一森林地区的动物数量;

(7)电子元件的使用寿命;

(8)茅台股票上市期间股价的变化.

2. 设小明投掷了一枚骰子,随后又投掷了一枚硬币.

(1)给出一个合适的样本空间来描述本次试验的结果;

(2)设 A 表示为"硬币的结果是正面朝上"的事件,样本空间的哪些元素包含在事件 A 中?

3. 在汽车生产线上,生产的每一台发动机都要进行测试,以检查它是正常的还是存在故障的. 如果连续检查的两台发动机出现故障,则停止生产并进行检修(在这种情况下,生产终止). 否则,生产继续进行.

(1)给出一个合适的样本空间来描述发动机的检查过程;

(2) $A_k, k = 1, 2, \cdots, 6$,表示检测 k 台发动机后,生产线进行检修这一事件,给出事件 $A_k, k = 1, 2, \cdots, 6$ 的一种描述方法.

4. 考虑投掷两次骰子的试验,并定义以下事件:

A:两次结果之和是 6;

B:两次结果是相等的;

C:第一次结果是一个偶数;

D:第一次结果是一个奇数.

写下本次试验的 36 个样本点,然后确定事件 A, B, C, D 包含哪些样本点. 然后描述下列事件,用文字表达它们所代表的内容,并列出它

们的样本点:

$AB,A\overline{C},A\overline{B}\overline{C},(AC)\cup(AD),A\cup(CD),B\overline{C}\cup(BD),(B\cup C)$
$(B\cup D).$

5. 一个盒子里装有 15 个球,编号为 1,2,…,15,编号为 1~5 的球是白色的,编号为 6~15 的球是黑色的. 我们随机选择一个球,并记录它的颜色和数字.

(a)写出一个合适的样本空间;

(b)定义如下事件:

A_i:选中的球数值小于等于 $i,1\leqslant i\leqslant 15$;

B_i:选中的球数值大于等于 $i,1\leqslant i\leqslant 15$;

C:所选的球是白色的;

D:所选的球是黑色的.

判断下列断言中哪些是正确的,哪些是错误的:

(1)$A_5=C$;

(2)$A_4\subset C$;

(3)$A_iB_i=\varnothing,i=1,2,\cdots,15$;

(4)$A_{i-1}B_i=\varnothing,i=2,\cdots,15$;

(5)$A_iB_{i+1}=\varnothing,i=1,2,\cdots,14$;

(6)事件 C 和事件 D 是互斥的;

(7)$A_{10}B_5\subset C$;

(8)$A_7D=\varnothing$;

(9)$\overline{A_5}=D$;

(10)$A_i\cup B_{i+1}=A_i,i=1,2,\cdots,14$;

(11)$A_1\subset A_2\subset\cdots\subset A_{15}$;

(12)$A_i\cup B_i=\Omega,i=1,2,\cdots,15$;

(13)$B_1\subset B_2\subset\cdots\subset B_{15}$;

(14)$A_i\cup B_{i+1}=\varnothing,i=1,2,\cdots,14$;

(15)$\overline{A_i}=B_{i+1},i=1,2,\cdots,14$;

(16)$(A_{10}-C)B_6=\varnothing$;

(17)$(A_{12}-D)\subset B_5$;

(18)$D-B_{11}=A_{10}-A_5$.

6. 对于任何事件 A 和 B,我们定义 A 和 B 的对称差分为(见图 1.2.8)$A\Delta B=(A-B)-(B-A)$.

(1)用文字表达这一事件所代表的意义;

(2)求证:$A\Delta B=B\Delta A;A\Delta B=(A\cup B)-AB;(A\Delta B)\Delta B=A$.

7. 对任意事件 A,B,C,证明以下关系:

(1)$(A-B)-C=(A-C)-(B-C)$;

(2)$(B-A)\cup(C-A)=(B\cup C)-A$;

(3)$A-(B-C)=(A-B)\cup(AC)$;

(4)$(A-B)\cup B=A\cup B$;

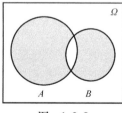

图 1.2.8

(5) $A(B-C) = AB - AC$；

(6) $A \cup B \cup C = (A-B) \cup (B-C) \cup (C-A) \cup (ABC)$.

1.3 事件的概率：古典概型与几何概型、概率的公理化定义和性质

节前导读：

本节将要引入概率论的基本概念——**概率**，事实上，就是概率的公理化定义，有了公理化的定义，从此概率论真正成为数学的一个分支.

本节主要讨论：从古典概型和几何概型两个基本模型出发研究如何计算事件的概率，从而总结出概率的公理化体系的定义. 在概率公理化定义的基础上进一步研究其性质，得到一些我们常用的概率公式，比如求差公式和求和公式等.

为了研究随机事件的概率，先简单直观地描述一下概率的定义，给定随机事件 A，则事件 A 的概率是介于 0 和 1 之间的一个实数，用于度量 A 发生的可能性，记作 $P(A)$. 我们先从最简单的模型开始.

1.3.1 古典概型

古典概型也叫传统概率，其定义是由法国数学家拉普拉斯（Laplace）提出的. 如果一个随机试验所包含的单位事件是有限的，且每个单位事件发生的可能性均相等，则这个随机试验叫作拉普拉斯试验，这种条件下的概率模型就叫作古典概型（classical models of probability）.

例 1.3.1　抛掷一枚骰子，求出现的点数为偶数的概率.

解：令 A = "点数为偶数". 引入样本空间 $\Omega = \{1,2,3,4,5,6\}$，则事件 $A = \{2,4,6\}$. 若假定骰子是均匀的，即假定样本空间 Ω 中的样本点具有等可能性，则所求事件 A 的概率为

$$P(A) = \frac{A\text{ 包含的样本点数}}{\Omega\text{ 包含的样本点数}} = \frac{3}{6} = \frac{1}{2}.$$

想一想　上述做法能够推广吗？如果可以，如何推广？

定义 1.3.1　设 Ω 是某个随机试验的一个样本空间，如果 Ω 中的样本点有限且具有等可能性，那么就称 Ω 为一个**古典概型**.

如果随机事件 A 可以表示为古典概型 Ω 的子集，那么 A 的概率可按如下公式求得（见图 1.3.1）：

$$P(A) = \frac{A\text{ 包含的样本点数}}{\Omega\text{ 包含的样本点数}}.$$

按此方法求得的概率称为**古典概率**.

例 1.3.2　一袋中装有 3 个白球和 2 个黑球，其中白球编号分别为 1,2,3，黑球编号分别为 4,5. 从袋子中不放回地取球，令 A = "第 2 次取到黑球"，求事件 A 的概率.

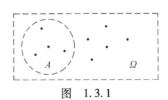

图　1.3.1

解法 1:依次记录 5 次取球结果,则样本空间为

$$\Omega = \{(12345),(12354),\cdots\},$$

其中 Ω 包含的样本点数共有 5! 个,且具有等可能性,事件 A 可作为 Ω 的子集表示为

$$A = \{(14235),(15234),\cdots\},$$

其中 A 包含的样本点数共有 $2 \times 4!$ 个,所以 A 的概率为

$$P(A) = \frac{2 \times 4!}{5!} = \frac{2}{5}.$$

解法 2:只依次记录前两次取球结果,则样本空间为

$$\Omega = \{(12),(13),(14),(15),\cdots\},$$

其中 Ω 包含的样本点数共有 4×5 个,且具有等可能性,事件 A 可作为 Ω 的子集表示为

$$A = \{(14),(15),(24),(25),(34),(35),(45),(54)\},$$

其中包含的样本点数共有 2×4 个,所以 A 的概率为

$$P(A) = \frac{2 \times 4}{4 \times 5} = \frac{2}{5}.$$

解法 3:只记录第 2 次取球结果,则样本空间为

$$\Omega = \{1,2,3,4,5\},$$

其中 Ω 包含的样本点数共有 5 个,且具有等可能性,事件 A 可作为 Ω 的子集表示为

$$A = \{4,5\},$$

其中包含的样本点数共有 2 个,所以 A 的概率为

$$P(A) = \frac{2}{5}.$$

例 1.3.3 一个袋子中装有 a 个白球和 b 个黑球,从袋子中不放回地取球,令 $A =$ "第 k 次取到黑球", $B =$ "第 k 次才取到黑球", $C =$ "前 k 次取到黑球",求事件 A,B,C 的概率.

解:总共有 $a+b$ 个球,依次记录 $a+b$ 次取球结果,则样本空间 Ω 包含的样本点数共有 $(a+b)!$ 个,且具有等可能性,事件 A 可作为 Ω 的子集,第 k 次取到黑球可以先从 b 个黑球中任选一个,共有 b 种选法,选定后将其余的 $a+b-1$ 个球依次取出,共有 $(a+b-1)!$ 种取法,因此 A 包含的样本点数共有 $b \times (a+b-1)!$ 个,所以 A 的概率为

$$P(A) = \frac{b \times (a+b-1)!}{(a+b)!} = \frac{b}{a+b}.$$

第 k 次才取到黑球可以先从 b 个黑球中任选一个,共有 b 种选法,第 1 到第 $k-1$ 次在 a 个白球任选 $k-1$ 个,共有 A_a^{k-1} 种取法,选定后将其余的 $a+b-k$ 个球依次取出,共有 $(a+b-k)!$ 种取法,因此 B 包含的样本点数共有 $b \times A_a^{k-1} \times (a+b-k)!$ 个,所以 B 的概率为

$$P(B) = \frac{b \times A_a^{k-1} \times (a+b-k)!}{(a+b)!} = \frac{b \times A_a^{k-1}}{A_{a+b}^k}.$$

前 k 次才取到黑球可以考虑其对立事件 $\overline{C}$,即前 k 次未取到黑球,先从 a 个白球中任选 k 个白球放到前 k 次,共有 A_a^k 种取法,放好后将其余的 $a+b-k$ 个球依次取出,共有 $(a+b-k)!$ 种取法,因此 $\overline{C}$ 包含的样本点数共有 $A_a^k \times (a+b-k)!$ 个,C 包含的样本点数共有 $(a+b)! - A_a^k \times (a+b-k)!$ 个,所以 C 的概率为

$$P(C) = \frac{(a+b)! - A_a^k \times (a+b-k)!}{(a+b)!} = 1 - \frac{A_a^k}{A_{a+b}^k}.$$

例 1.3.4　将 n 个球随机地放入 $N(N \geq n)$ 个盒子中去,每个球都能以同样的概率 $\frac{1}{N}$ 落入 N 个盒子中的每一个,试求:

(1)每个盒子最多放一球的概率;(2)某个指定的盒子不空的概率.

解:由于每个球都可以放入 N 个盒子中的任一个,那么共有 N 种不同的放法. 于是 n 个球放进盒子就有 N^n 种不同的放法,则样本空间 Ω 包含的样本点数共有 N^n 个. 令第(1)问和第(2)问所涉及事件分别为 A 和 B,每个盒子最多放一球等价于恰有 n 个盒子各放一个球,先从 N 个盒子选出 n 个盒子用于放球,共有 C_N^n 种取法,然后把 n 个球放入选好的 n 个盒子,共有 $n!$ 种放法,因此 A 包含的样本点数共有 $C_N^n \times n!$ 个,所以 A 的概率为

$$P(A) = \frac{C_N^n \times n!}{N^n} = \frac{A_N^n}{N^n}.$$

某个指定的盒子不空,其对立事件 $\overline{B}$ 是指定的盒子是空的,$\overline{B}$ 包含的样本点数共有 $(N-1)^n$ 个,所以 B 包含的样本点数共有 $N^n - (N-1)^n$ 个,所以 B 的概率为

$$P(B) = \frac{N^n - (N-1)^n}{N^n} = 1 - \left(1 - \frac{1}{N}\right)^n.$$

例 1.3.5　(学以致用:生日问题)在一个有 $n(n \leq 365)$ 人的班级中,A 表示有两人同天生日,B 表示有人和你同天生日,求 A 和 B 的概率.

解:运用例 1.3.4,我们可以看到,A 包含的样本点数共有 $365^n - A_{365}^n$,所以 A 的概率为

$$P(A) = 1 - \frac{A_{365}^n}{365^n}.$$

n 人中有两人同天生日的概率表(见表 1.3.1).

表　1.3.1

n	23	30	40	50	64	100
p	0.505	0.706	0.871	0.970	0.997	0.9999997

B 包含的样本点数共有 $365^n - 364^n$,所以 B 的概率为

$$P(B) = 1 - \left(\frac{364}{365}\right)^n.$$

n 人中有人与你同天生日的概率表(见表 1.3.2).

表 1.3.2

n	50	80	100
p	0.128	0.197	0.240

1.3.2 几何概型

古典概型是样本空间具有有限等可能的样本点的概率模型. 现在考虑另外一种模型,其可能的结果是无限的,并且每个基本结果的概率是相同的.

例 1.3.6 某路口人行横道的信号灯交替出现红灯和绿灯,红灯持续时间为 40s. 求行人在路口遇到红灯后至少需要等待 15s 的概率.

解:令 A = "至少等待 15s". 记红灯亮起时刻为 0,熄灭时刻为 40,并取行人到达路口时刻为样本点,则样本空间 Ω 和事件 A 分别为

$$\Omega = (0,40), A = (0,25).$$

若假定 Ω 内的样本点具有等可能性,则所求事件 A 的概率为

$$P(A) = \frac{A \text{ 的区间长度}}{\Omega \text{ 的区间长度}} = \frac{25-0}{40-0} = \frac{5}{8}.$$

定义 1.3.2 若某试验的样本空间 Ω 是一个可度量的几何区域,且 Ω 中的样本点具有等可能性,则 Ω 称为几何概型(geometric probability).

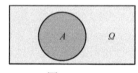

图 1.3.2

如果随机事件 A 可以表示为几何概型 Ω 的子集,那么 A 的概率可按如下公式求解(见图 1.3.2)

$$P(A) = \frac{A \text{ 的几何度量}}{\Omega \text{ 的几何度量}}.$$

按此方法求得的概率称为几何概率.

例 1.3.7 (会面问题)甲乙两人相约在 7:00 到 8:00 之间在某地会面且约定:先到者等候另一个人 20min,过时不候. 求两人能会面的概率.

解:令 A = "能会面". 不妨将 7:00 和 8:00 化作 0 和 60(单位:min),并令 x,y 分别表示甲、乙到达的时刻,则样本空间 Ω 和 A 分别为 $\Omega = \{(x,y) \mid 0 \leqslant x,y \leqslant 60\}, A = \{(x,y) \mid (x,y) \in \Omega, |x-y| \leqslant 20\}$(见图 1.3.3). 若假定 Ω 内的样本点具有等可能性,根据题意,可假定 Ω 是一个几何概型,所求事件 A 的概率为

$$P(A) = \frac{A \text{ 的几何面积}}{\Omega \text{ 的几何面积}} = \frac{60^2 - 40^2}{60^2} = \frac{5}{9}.$$

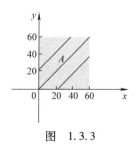

图 1.3.3

1.3.3 概率的公理化和性质

我们已经对古典概型和几何概型有了基本的了解,也能够利用

这两种模型计算一些简单的概率问题,但是对于复杂的事件如何计算其概率,例如假设已知随机事件 A,B 的概率为 $P(A)$ 和 $P(B)$,能否利用 $P(A)$ 和 $P(B)$,确定 $A+B,AB,A-B$ 等所有能用 A 和 B 表示的事件的概率? 为了解决这些问题,需要继续深入地研究. 同时,如果遇到的问题既不是古典概型也不是几何概型,那我们又该如何计算概率呢? 为了解决这些问题就需要有相应的概率理论. 1933年,科尔莫戈罗夫出版了他的著作《概率论基础》,这是概率论的一部经典著作. 在科尔莫戈罗夫的公理化理论中,对每一个事件,都有一个确定的非负实数与之对应,这个数就是该事件的概率. 这里概率的定义同样是抽象的,并不涉及频率或其他任何有具体背景的概念. 之后的整个概率论大厦都可以根据这些公理建立起来. 科尔莫戈罗夫的公理化体系也因此逐渐获得了数学家们的普遍承认. 概率论从此成为一门严格的数学学科.

我们知道,一个事件 A 的概率实际上是赋予事件 A 的一个实数值,记作 $P(A)$,用来刻画事件 A 发生的可能性的大小,对于所有事件我们都要赋予它一个实数,因此概率是从事件集 $\{A \mid A \subset \Omega\}$ 到实数集 $\mathbf{R}$ 的集合函数,即对任意一个事件 $A \subset \Omega$,都有唯一一个实数 $P(A)$ 与之对应. 但是该集合函数要满足一些条件,这些条件就是概率的公理化体系.

定义 1.3.3　设 Ω 是一个样本空间,定义在事件集 $\{A \mid A \subset \Omega\}$ 上的实值函数 $P(\cdot)$ 称为 Ω 上的一个**概率测度**,简称**概率**(probability),如果它满足下列三条性质:

公理 1(非负性)　对任一事件 A,都有 $P(A) \geq 0$;

公理 2(规范性)　对必然事件 $\Omega,P(\Omega)=1$;

公理 3(可列可加性)　对任意可数无限个两两互不相容的事件 $A_1,A_2,\cdots$,有

$$P\left(\sum_{i=1}^{\infty} A_i\right) = \sum_{i=1}^{\infty} P(A_i).$$

由概率的公理化定义的三条公理出发,可以推导出概率的许多其他性质,这些性质为我们理解概率和计算概率打下了基础.

性质 1　对不可能事件 $\varnothing$,有 $P(\varnothing)=0$.

证明:令 $A_i=\varnothing,i=1,2,\cdots$,则 $A_1,A_2,\cdots$ 是可数个两两互斥的事件且

$$\varnothing = \sum_{i=1}^{\infty} A_i.$$

所以, $P(\varnothing) = P\left(\sum_{i=1}^{\infty} A_i\right) = \sum_{i=1}^{\infty} P(A_i) = \sum_{i=1}^{\infty} P(\varnothing)$. 再由概率的非负性可得 $P(\varnothing)=0$.

性质 2　(**有限可加性**)　对任意有限个两两互不相容的事

件 $A_1, A_2, \cdots, A_n$，有

$$P\left(\sum_{i=1}^{n} A_i\right) = \sum_{i=1}^{n} P(A_i).$$

证明：令 $A_i = \varnothing, i = n+1, n+2, \cdots$，则 $A_1, A_2, \cdots$ 是可数个两两互斥的事件且

$$\sum_{i=1}^{n} A_i = \sum_{i=1}^{\infty} A_i.$$

所以，$P\left(\sum_{i=1}^{n} A_i\right) = P\left(\sum_{i=1}^{\infty} A_i\right) = \sum_{i=1}^{\infty} P(A_i) = \sum_{i=1}^{n} P(A_i).$

推论1 特别地，对于两个互斥的事件 A 和 B，有
$$P(A+B) = P(A) + P(B).$$

性质3 （**求差公式**） 对于任意两个的事件 A 和 B，有
$$P(B-A) = P(B) - P(AB).$$

特别地，若 $A \subset B$，有
$$P(B-A) = P(B) - P(A).$$

证明：由于 $B - A = B - AB, B = (B - AB) + AB$，且 $(B-AB) \cap AB = \varnothing$，由有限可加性 $P(B) = P(B-AB) + P(AB)$. 即 $P(B-A) = P(B-AB) = P(B) - P(AB)$.

性质4 （**求逆公式**） 对于任意一个事件 A，有
$$P(\bar{A}) = 1 - P(A).$$

证明：由于 $\Omega = A + \bar{A}$，且 $A \cap \bar{A} = \varnothing$，所以 $1 = P(\Omega) = P(A) + P(\bar{A})$，因此有
$$P(\bar{A}) = 1 - P(A).$$

性质5 （**求和公式**） 对于任意两个事件 A 和 B，有
$$P(A+B) = P(A) + P(B) - P(AB).$$

证明：由于 $A + B = A + (B - A)$，且 $A \cap (B-A) = \varnothing$，再由有限可加性和求差公式有
$$P(A+B) = P(A + (B-A)) = P(A) + P(B-A) = P(A) + P(B) - P(AB).$$

想一想 n 个事件的求和公式是什么样子的？

推广到任意三个事件 A, B, C，有
$$P(A+B+C) = P(A) + P(B) + P(A) - P(AB)$$
$$- P(AC) - P(BC) + P(ABC).$$

性质6 对于任意的事件 A 和 B，若 $A \subset B$ 则
$$P(A) \leqslant P(B).$$

特别地，对于任意的事件 A，有
$$0 \leqslant P(A) \leqslant 1.$$

证明：由于求差公式 $0 \leqslant P(B-A) = P(B) - P(A)$，所以 $P(A) \leqslant P(B)$. 对于任意的事件 A，都有 $\varnothing \subset A \subset \Omega$，所以 $0 \leqslant P(A) \leqslant 1$.

例1.3.8 已知 $P(\bar{A}) = 0.5, P(\bar{A}B) = 0.3, P(B) = 0.4$，求下

列概率

(1) $P(AB)$; (2) $P(A+B)$; (3) $P(\bar{A}\,\bar{B})$.

解:(1) $P(AB) = P(B-AB) = P(B) - P(\bar{A}B) = 0.4 - 0.3 = 0.1$;

(2) $P(A+B) = P(A) + P(B) - P(AB)$
$$= 1 - P(\bar{A}) + P(B) - P(AB)$$
$$= 1 - 0.5 + 0.4 - 0.1 = 0.8;$$

(3) $P(\bar{A}\,\bar{B}) = 1 - P(A+B) = 1 - 0.8 = 0.2.$

例1.3.9 将 n 个球随机地放入 $N(N \geq 2)$ 个盒子中,每个球都能以同样的概率 $\frac{1}{N}$ 落入 N 个盒子中的每一个中,试求下列事件的概率:(1)前两个盒子至少有一个不空;(2)前两个盒子都不空.

解:引入适当的简单事件并求其概率,然后利用公式再求目标事件的概率. 令 A_i 表示第 i 个盒子不空, $i = 1, 2$,利用古典概型可求得

$$P(\bar{A_1}) = P(\bar{A_2}) = \frac{(N-1)^n}{N^n}, P(\bar{A_1}\,\bar{A_2}) = \frac{(N-2)^n}{N^n}.$$

所以,第(1)问所求的概率为

$$P(A_1 + A_2) = 1 - P(\bar{A_1}\,\bar{A_2}) = 1 - \frac{(N-2)^n}{N^n}.$$

第(2)问所求的概率为

$$P(A_1 A_2) = P(A_1) + P(A_2) - P(A_1 + A_2)$$
$$= 1 - P(\bar{A_1}) + 1 - P(\bar{A_2}) - P(A_1 + A_2)$$
$$= 1 - \frac{2(N-1)^n}{N^n} + \frac{(N-2)^n}{N^n}.$$

练习1.3

1. 一栋建筑有一部电梯,电梯从一层至五层可以使用. 有两个人进入大楼乘坐电梯,计算两个人从不同楼层下电梯的概率.

2. 设袋子中装有 10 个号码球,分别标有 1~10 号,现从袋子中任取 3 个球,记录其号码,求:

(1)最小号码为 5 的概率;

(2)最大号码为 5 的概率;

(3)中间号码为 5 的概率.

3. 汽车牌照由两个字母和三个数字组成(例如 AB123). 现随机的选择一个车牌照,求:

(1)以 A 或者 E 开始的概率;

(2)以 4 或 5 结尾的概率;

(3)以 A 或 E 开始并且以 4 或 5 结尾的概率.

4. 一家大型玩具商店将举行抽奖活动，获胜者将获得一台游戏机. 在儿童节前的一个星期里，这家商店有 6000 张彩票出售给顾客，彩票上对应标有从 1 到 6000 的号码，中奖彩票上的数字是 2 或者 5 的倍数，求中奖的概率.

5. 甲、乙两人约定在下午 1:00 到 2:00 之间到某站乘公共汽车，假定甲、乙两人到达车站的时刻是互相不关联的，且每人在 1:00 到 2:00 的任何时刻到达车站是等可能的. 这段时间内有四班公共汽车，它们的开车时刻分别为 1:15、1:30、1:45、2:00. 如果甲、乙约定见车就乘，求甲、乙同乘一车的概率.

6. 甲、乙两艘轮船驶向一个不能同时停泊两艘轮船的码头，它们在一昼夜内到达的时间是等可能的. 如果甲船的停泊时间是一个小时，乙船的停泊时间是两个小时，求它们中任何一艘都不需要等候码头空出的概率.

7. 在验血后，一个人的胆固醇水平可以分为正常、可接受和过高三种情况，根据医院以前的验血数据，病人胆固醇水平可接受的概率是胆固醇水平正常的两倍，是胆固醇水平过高的三倍. 根据患者血液中的胆固醇水平，求出该医院随机抽取的患者属于这三种情况的概率.

8. 已知 $P(A_i) = \dfrac{1}{2^i}, i = 1, 2, 3$，且 $P(A_i A_{i+1}) = \dfrac{1}{2^{i+1}}, i = 1, 2$，同时 A_1 与 A_3 互不相容，求 $P(A_1 + A_2 + A_3)$.

9. 已知 $AB = \varnothing$，假设 $P(A + B) = \dfrac{1}{2}$，$3P(\bar{A}) + 2P(B) = 3$. 求概率 $P(A)$ 和 $P(B)$.

10. 一家女式服装店既卖鞋也卖手提包. 据店长估计，进店的顾客中，有 20% 的人会买一双鞋，30% 的人会买一个手提包，10% 的人会同时买一双鞋和一个手提包. 根据这些断言，计算下列事件的概率：
(1) 只买一双鞋；
(2) 只买手提包；
(3) 鞋和包至少买一款；
(4) 只买两者中的一个.

1.4　条件概率：条件概率、乘积公式

节前导读：

本节将要引入概率论中的一个重要概念——**条件概率**，条件概率是研究事件之间的概率关系，在概率论中占有重要地位.

本节主要讨论：如何定义条件概率，如何计算条件概率，以及如何由条件概率得到乘法公式.

1.4.1　条件概率的引入

我们知道概率是一个定义在事件集上的集合函数 $P(\cdot)$，用来度量事件发生的可能性的大小. 例如对于事件 B，$P(B)$ 的值就是度量事件 B 发生的可能性的大小，只是单独度量了事件 B 的发生的可能性，与其他信息无关. 现在如果有事件 A 发生了，在这个假设条件下事件 B 发生的可能性又是多少? 会不会发生变化? 这就是我们要研究的条件概率，通常把它记作 $P(B|A)$，表示的含义就是在事件 A 发生的条件下事件 B 发生的概率. 条件概率是概率论的一个基本工具.

1.4.2　条件概率的计算

给定样本空间 Ω 以及事件 A 和 B，如何计算条件概率 $P(B|A)$? $P(B|A)$ 与 A 和 B 又有什么关系? 我们先从学过的两个简单模型——古典概型和几何概型开始介绍.

1. 古典概型

如果事件 A 和 B 可以表示为古典概型 Ω 的子集，并且 $P(A) > 0$，那么

$$P(B|A) = \frac{AB \text{ 包含的样本点数}}{A \text{ 包含的样本点数}} = \frac{P(AB)}{P(A)}.$$

2. 几何概型

如果事件 A 和 B 可以表示为几何概型 Ω 的子集，并且 $P(A) > 0$，那么

$$P(B|A) = \frac{AB \text{ 的几何度量}}{A \text{ 的几何度量}} = \frac{P(AB)}{P(A)}.$$

由这些共性得到启发，我们在一般的样本空间中引入条件概率的数学定义.

定义 1.4.1　设 Ω 是一个样本空间，A 和 B 是两个事件，并且 $P(A) > 0$，则在事件 A 发生的条件下事件 B 发生的**条件概率**（conditional probability）定义为

$$P(B|A) = \frac{P(AB)}{P(A)}.$$

说明：条件概率 $P(B|A)$ 度量的是 AB 相对于事件 A 发生的相对可能性（见图 1.4.1）. 特别地，对于任意随机事件 B，都有

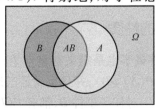

图　1.4.1

想一想　在古典概型和几何概型中为什么这样定义条件概率，有什么含义吗?

概率论与数理统计(经济类)

$$P(B) = P(B|\Omega).$$

例1.4.1 一个袋子中装有3个黑球和7个白球,从袋子中不放回地取球两次,求:

(1)已知第一次是黑球,第二次也是黑球的概率;

(2)已知第二次是黑球,第一次也是黑球的概率;

(3)已知取出的两球中有一个是黑球,另一个也是黑球的概率.

解:令A_i表示第i次是黑球,$i=1,2$,则

(1)利用古典概型可得所求的概率为

$$P(A_2|A_1) = \frac{2}{9};$$

(2)利用古典概型可得$P(A_1) = P(A_2) = \frac{3}{10}$,$P(A_1A_2) = \frac{C_3^2}{C_{10}^2} = \frac{1}{15}$,所求的概率为

$$P(A_1|A_2) = \frac{P(A_1A_2)}{P(A_2)} = \frac{2}{9};$$

(3)利用古典概型可得所求的概率为

$$P(A_1A_2|A_1+A_2) = \frac{P(A_1A_2)}{P(A_1+A_2)} = \frac{P(A_1A_2)}{P(A_1)+P(A_2)-P(A_1A_2)} = \frac{1}{8}.$$

例1.4.2 一副扑克牌,去掉大小王,一共52张牌.任取其中的两张牌,计算条件概率:

(1)$P($两个 A$|$有 A$)$;

(2)$P($两个 A$|$有红桃 A$)$.

解:利用古典概型可得$P($两个 A$) = \frac{C_4^2}{C_{52}^2}$,$P($有 A$) = 1 - \frac{C_{48}^2}{C_{52}^2}$,$P($两个 A 且有一红桃 A$) = \frac{C_3^1}{C_{52}^2}$,$P($有红桃 A$) = \frac{C_{51}^1}{C_{52}^2}$,则

(1)$P($两个 A$|$有 A$) = \frac{P(有 A 且有两个 A)}{P(有 A)} = \frac{1}{33}$;

(2)$P($两个 A$|$有红桃 A$) = \frac{P(两个 A 且有一红桃 A)}{P(有红桃 A)} = \frac{1}{17}.$

说明:不同的已知信息对条件概率的影响很大,在计算条件概率时要看准已知信息.

1.4.3 条件概率的性质

给定事件A,条件概率也是定义在事件集$\{B|B\subset\Omega\}$上的实值集合函数$P(\cdot|A)$($P(A)>0$),并且也满足三条公理:

公理1(非负性) 对任一事件B,都有$P(B|A)\geq0$;

公理2(规范性) 对必然事件Ω,$P(\Omega|A)=1$;

公理 3(可列可加性) 对任意可数无限个两两互不相容的事件 $B_1, B_2, \cdots,$ 有

$$P\left(\sum_{i=1}^{\infty} B_i \middle| A\right) = \sum_{i=1}^{\infty} P(B_i | A).$$

同样条件概率也满足概率的其他性质,我们简单列出几个常用的公式.

(求和公式) 对于任意两个事件 B_1 和事件 B_2,给定事件 $A(P(A)>0)$,则

$$P((B_1+B_2)|A) = P(B_1|A) + P(B_2|A) - P(B_1B_2|A).$$

特别地,当 B_1 和 B_2 互斥时

$$P((B_1+B_2)|A) = P(B_1|A) + P(B_2|A).$$

(求差公式) 对于任意的两个事件 B_1 和事件 B_2,给定事件 $A(P(A)>0)$,则

$$P((B_2-B_1)|A) = P(B_2|A) - P(B_1B_2|A).$$

特别地,

$$P(\overline{B}|A) = 1 - P(B|A).$$

例 1.4.3 已知 $P(A)=0.6, P(\overline{B})=0.76, P(A+B)=0.84$,求 $P((\overline{A}+\overline{B})|B)$.

解:由条件概率和概率的基本性质有

$$
\begin{aligned}
P((\overline{A}+\overline{B})|B) &= P(\overline{AB}|B) \\
&= 1 - P(AB|B) \\
&= 1 - \frac{P(A)+P(B)-P(A+B)}{P(B)} \\
&= 1 - \frac{P(A)+1-P(\overline{B})-P(A+B)}{1-P(\overline{B})} \\
&= 1 - \frac{0.6+1-0.76-0.84}{1-0.76} \\
&= 1.
\end{aligned}
$$

1.4.4 概率的乘法公式

设 Ω 是一个样本空间,A 和 B 是两个事件,且 $P(A)>0$,则由条件概率的定义可以导出

$$P(AB) = P(A)P(B|A),$$

通常我们称之为**乘法公式**(multiplicative law)(参见图 1.4.2).同样如果 $P(B)>0$,也有

$$P(AB) = P(B)P(A|B).$$

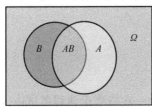

图 1.4.2

如果 $P(AB)$ 不易直接算出,而条件概率 $P(B|A)$ 或 $P(A|B)$ 容易得到,则可以借助乘法公式计算 $P(AB)$,乘法公式相当于把计算 $P(AB)$ 的概率分两步进行. 对于任意有限个事件的交的概率也有相应的乘法公式:

$$P(A_1A_2\cdots A_n) = P(A_1)P(A_2|A_1)P(A_3|A_1A_2)\cdots P(A_n|A_1A_2\cdots A_{n-1}),$$

其中,$P(A_1A_2\cdots A_{n-1}) > 0$.

例1.4.4 假设飞机准点起飞的概率为 90%,而在准点起飞的条件下,准点到达的概率为 90%,求飞机准点起飞且准点到达的概率.

解:令 $A =$ "飞机准点起飞",$B =$ "飞机准点到达". 根据题意 $P(A) = 90\%$,$P(B|A) = 90\%$,则所求的概率为

$$P(AB) = P(A)P(B|A) = 90\% \times 90\% = 0.81.$$

例1.4.5 一个袋子中装有 3 个黑球和 7 个白球,从袋子中不放回地取球三次,求:

(1)第三次才取到黑球的概率;

(2)前三次取到黑球的概率.

解:令 A_i 表示第 i 次是黑球,$i = 1,2,3$,则由乘法公式

(1)所求的概率为

$$P(\overline{A_1}\,\overline{A_2}A_3) = P(\overline{A_1})P(\overline{A_2}|\overline{A_1})P(A_3|\overline{A_1}\,\overline{A_2}) = \frac{7}{10} \times \frac{6}{9} \times \frac{3}{8} = \frac{7}{40};$$

(2)所求的概率为

$$\begin{aligned}
P(A_1 + A_2 + A_3) &= 1 - P(\overline{A_1}\,\overline{A_2}\,\overline{A_3}) \\
&= 1 - P(\overline{A_1})P(\overline{A_2}|\overline{A_1})P(\overline{A_3}|\overline{A_1}\,\overline{A_2}); \\
&= 1 - \frac{7}{10} \times \frac{6}{9} \times \frac{5}{8} = \frac{17}{24}.
\end{aligned}$$

例1.4.6 (**学以致用:新闻解读**) 多年前,一架小型客机在瑞典斯德哥尔摩靠近机场的居民区坠落. 为了安抚民众,机场总经理在接受电视采访时说道,"从统计学上说人们应当感到更安全,因为再发生一次事故的概率相比之前已经小得多了". 请问机场总经理的说法是否有道理?

解:令 A_i 表示第 i 次事故,$i = 1,2$,则机场总经理混淆下列两个概率:

$$P(A_2|A_1) \text{ 和 } P(A_1A_2),$$

所以他的说法不对.

想一想 例 1.4.6 中两个概率有何不同?

练习1.4

1. 在一所大学的一次概率论课程考试中,180 名学生参加了考试,其中数学专业 80 人,统计学专业 60 人,经济学专业 40 人. 老师

随机选择一套试题,并宣布该试题是不属于数学专业学生的,则试题属于统计学专业学生的概率是多少?

2. 小明同时掷两个骰子,他观察两次投掷的结果,并告诉我们两个骰子出现不同的点数,求

(1)两个骰子点数之和为 6 的概率;

(2)两个骰子点数之和为 2 或者 12 的概率.

3. 从一幅不含大小王的扑克牌中随机不放回抽取三张牌,假设 A_i 表示第 i 张牌是 Q, $i=1,2,3$. 计算下面的条件概率:

(1) $P(A_2 | A_1)$;

(2) $P(A_3 | A_1 A_2)$;

(3) $P(A_2 A_3 | A_1)$.

4. 已知 A,B,C 是样本空间 Ω 上的三个事件,假设 $P(A|B) \geqslant P(C|B)$ 和 $P(A|\bar{B}) \geqslant P(C|\bar{B})$,证明: $P(A) \geqslant P(C)$.

5. 一个盒子里装有 5 个红(R)球和 8 个蓝(B)球. 如果我们从盒子里随机选出四个球,求在下列两种情况下观察到颜色序列为 RBRB 的概率.

(1)每次取球不放回盒内;

(2)每次我们从盒子里取一个球时,观察它的颜色,然后把它放回盒子里.

6. 在一起银行抢劫案之后,警方逮捕了 12 人,其中 4 人参与了这起抢劫案. 警察从 12 人中先挑选一个人审问,然后是第二个,接下来是第三个. 求

(1)三人都是无辜者的概率;

(2)三个人都是无辜的或都是有罪的概率.

7. 已知一家制药公司生产针对某种疾病的成箱药片. 每盒装 20 片,该公司的质量检验员随机挑选一盒,检查药片是否有次品,如果假设此药盒里有两个次品的药片,求

(1)在前三片检测的药片中发现有两片是次品的概率;

(2)第三片检查是次品的概率;

(3)第三片检查的恰好是第二片次品的概率.

8. 口袋里有一个白球,一个黑球,从中任取一个,若取到白球,则试验停止;若取到黑球,则把取出的黑球放回的同时,再加入一个黑球,如此下去,直到取到白球为止,求

(1)取到第 n 次,试验没有结束的概率;

(2)取到第 n 次,试验恰好结束的概率.

1.5 全概率公式和贝叶斯公式

节前导读:

本节主要讨论:何谓全概率公式和贝叶斯公式以及如何应用全

概率论与数理统计（经济类）

概率公式和贝叶斯公式.

1.5.1 全概率公式

计算概率是概率论重要的研究课题之一,对于一些简单事件,我们可以直接算出,对于复杂的未知事件,我们希望用简单事件推出. 为了达到这个目的,经常根据事件在不同情况、不同原因或不同途径下发生而将其分解成若干个不相容的简单事件之和,再通过分别计算这些简单事件的概率,最后利用概率的求和公式得到最终结果. 我们先看一个例子.

引例1.5.1 一个袋子中装有 3 个黑球和 7 个白球,从袋子中不放回地取球,求第 2 次取到黑球的概率.

解:令 B 表示第 2 次取到黑球

方法1:只依次记录前两次取球结果,则样本空间 Ω 包含的样本点数为 10×9,事件 B 可作为 Ω 的子集,包含的样本点数为 3×9. 所求的概率为

$$P(B) = \frac{3 \times 9}{10 \times 9} = \frac{3}{10}.$$

方法2:令 A 表示第 1 次取到白球,则

$$\begin{aligned} P(B) &= P(AB) + P(\bar{A}B) \\ &= P(A)P(B|A) + P(\bar{A})P(B|\bar{A}) \\ &= \frac{7}{10} \times \frac{3}{9} + \frac{3}{10} \times \frac{2}{9} = \frac{3}{10}. \end{aligned}$$

方法 2 引入简单事件 A,把样本空间分成两个简单事件 A 与 $\bar{A}$ 的和,然后再利用乘法公式计算事件 B 在事件 A 与 $\bar{A}$ 上的概率,再求和,就得到了事件 B 的概率,这个结果有一般的结论如下.

定理1.5.1 设 Ω 是一个样本空间,对任意两个事件 A 和 B,若 $0 < P(A) < 1$,则

$$P(B) = P(A)P(B|A) + P(\bar{A})P(B|\bar{A}).$$

证明:因为 $B = AB + \bar{A}B$,由概率的求和公式有

$$P(B) = P(AB) + P(\bar{A}B),$$

注意到 $0 < P(A) < 1$,再利用乘法公式有

$$P(B) = P(A)P(B|A) + P(\bar{A})P(B|\bar{A}).$$

下面我们讨论更一般的情况.

定理1.5.2 设 Ω 是一个样本空间,事件列 $A_1, A_2, \cdots$ 是完备事件组(见图 1.5.1)且 $P(A_i) > 0, i = 1, 2, \cdots$,则对任意事件 B,有

$$P(B) = \sum_{i=1}^{\infty} P(A_i)P(B|A_i).$$

证明:因为事件列 $A_1, A_2, \cdots$ 是完备事件组,则

$$B = A_1 B + A_2 B + \cdots,$$

所以利用求和公式有

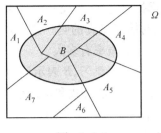

图　1.5.1

$$P(B) = P(A_1 B) + P(A_2 B) + \cdots,$$

注意到 $P(A_i) > 0, i = 1, 2, \cdots$, 再利用乘法公式有

$$P(B) = \sum_{i=1}^{\infty} P(A_i) P(B \mid A_i).$$

这个公式称为**全概率公式**(the law of total probability), 它是概率论中使用频率最高的一个基本公式.

例 1.5.1　设华为手机玻璃盖板由星星科技、蓝思和比亚迪三家供货, 分别占比 50%、20% 和 30%, 各家的次品率分别为 2%、4% 和 3%. 现把各家供货混合, 随机抽一块盖板, 求其为次品的概率.

解: 令 B 表示抽到次品, A_1 表示抽到星星科技的产品, A_2 表示抽到蓝思的产品, A_3 表示抽到比亚迪的产品. 根据题意 $P(B \mid A_1) = 2\%, P(B \mid A_2) = 4\%, P(B \mid A_3) = 3\%$, 根据供货占比有 $P(A_1) = 50\%, P(A_2) = 20\%, P(A_3) = 30\%$, 由全概率公式得到

$$P(B) = \sum_{i=1}^{3} P(A_i) P(B \mid A_i) = 2.7\%.$$

例 1.5.2　假设有位老师想估算某位学生概率论与统计课程考试及格的概率. 根据他多年的教学经验, 他知道学习认真者考试及格的概率为 97%, 而不认真者考试及格的概率为 30%. 同时, 他觉得这位学生学习认真的概率为 70%. 请问这位老师能确定这位学生考试及格的概率吗?

解: 令 B 表示该学生考试及格, A 表示该学生学习认真. 根据题意 $P(B \mid A) = 0.97, P(B \mid \overline{A}) = 0.3, P(A) = 0.7$, 由全概率公式得到

$$P(B) = P(A) P(B \mid A) + P(\overline{A}) P(B \mid \overline{A}) = 0.769.$$

1.5.2　贝叶斯公式

利用全概率公式, 我们通过分析事件发生的不同原因、不同情况或不同途径分解计算出该事件发生的概率. 现在我们考虑与之相反的问题, 若一个事件已经发生了, 我们要研究事件发生的各种原因、情况或途径的概率, 那该如何做呢? 下面我们先看一个具体的例子.

引例 1.5.2　一学生考试不及格, 来找老师诉苦: "我平时学

习很认真,平时作业都按时完成,也没有旷过课,为什么还没有及格啊!那么这个学生说的情况是真的吗?或者说一个考试不及格的学生,平时确实认真学习的概率有多大?

解:令 A 表示该学生认真学习,B 表示该学生考试不及格,则问题变成了求 $P(A|B)$,根据乘法公式和全概率公式,则有

$$P(A|B) = \frac{P(AB)}{P(B)} = \frac{P(A)P(B|A)}{P(A)P(B|A) + P(\bar{A})P(B|\bar{A})},$$

若 $P(B|A) = 0.03, P(B|\bar{A}) = 0.7, P(A) = 0.7$,所求的概率为

$$P(A|B) = \frac{0.7 \times 0.03}{0.7 \times 0.03 + 0.3 \times 0.7} = \frac{1}{11}.$$

综上所述,一个考试不及格的学生,平时学习大概率是不认真的.

下面我们以定理的形式给出一般的结论.

定理1.5.3 设 Ω 是一个样本空间,对任意两个事件 A 和 B,若 $0 < P(A) < 1$ 且 $P(B) > 0$,则有

$$P(A|B) = \frac{P(A)P(B|A)}{P(A)P(B|A) + P(\bar{A})P(B|\bar{A})};$$

一般地,若事件列 $A_1, A_2, \cdots$ 是完备事件组且 $P(A_i) > 0, i = 1, 2, \cdots$,$B$ 是任意事件且 $P(B) > 0$,则有

$$P(A_i|B) = \frac{P(A_i)P(B|A_i)}{\sum\limits_{j=1}^{\infty} P(A_j)P(B|A_j)}, i = 1, 2, \cdots.$$

这个公式称为**贝叶斯公式**(bayes'formula),贝叶斯公式由英国数学家托马斯·贝叶斯(Thomas Bayes 1702—1761)在他去世后由人代发的一篇文章中首先提出,故而得名. 由乘法公式和全概率公式,该定理的证明很容易得到,故略去.

例1.5.3 设华为手机玻璃盖板由星星科技、蓝思和比亚迪三家供货,分别占比50%、20%和30%,各家的次品率分别为2%、4%和3%. 现把各家供货混合,随机抽一块盖板发现是次品,问此次品最可能来自哪家供货商?

解:令 B 表示抽到是次品,A_1 表示抽到星星科技的产品,A_2 表示抽到蓝思的产品,A_3 表示抽到比亚迪的产品. 根据题意 $P(B|A_1) = 2\%, P(B|A_2) = 4\%, P(B|A_3) = 3\%$,根据供货占比有 $P(A_1) = 50\%, P(A_2) = 20\%, P(A_3) = 30\%$,由贝叶斯公式得到

$$P(A_i|B) = \frac{P(A_i)P(B|A_i)}{\sum\limits_{j=1}^{3} P(A_j)P(B|A_j)}, i = 1, 2, 3.$$

代入数值可得 $P(A_1|B) = \dfrac{1\%}{2.7\%}, P(A_2|B) = \dfrac{0.8\%}{2.7\%}, P(A_3|B) =$

$\dfrac{0.9\%}{2.7\%}$, 因此次品来自星星科技的概率更大.

例 1.5.4　据调查在女性中乳腺癌的发病率为 0.05%. 在医院用 X 射线检查时, 一位确实患有乳腺癌的女性经检查呈阳性的概率是 0.99, 而一位没有患乳腺癌的女性经检查呈阳性的概率是 0.02. 现在, 一位女士体检时经 X 射线检查呈阳性, (1)求该女士确实患有乳腺癌的概率; (2)如果该女士复查时还是呈阳性, 则该女士确实患有乳腺癌的概率为多少?

解: 令 A 表示该女士患有乳腺癌, B 表示该女士经 X 射线检查呈阳性, 根据题意 $P(B|A)=0.99$, $P(B|\bar{A})=0.02$, $P(A)=0.0005$.

(1)由贝叶斯公式所求得的概率为

$$P(A|B)=\frac{P(A)P(B|A)}{P(A)P(B|A)+P(\bar{A})P(B|\bar{A})}\approx 0.0242;$$

(2)令 A 表示该女士患有乳腺癌, B 表示该女士复查呈阳性, 根据题意 $P(B|A)=0.99$, $P(B|\bar{A})=0.02$, 注意此时由于该女士已经检查呈阳性, 此时 $P(A)=0.0242$, 再次利用贝叶斯公式求得

$$P(A|B)=\frac{P(A)P(B|A)}{P(A)P(B|A)+P(\bar{A})P(B|\bar{A})}\approx 0.551.$$

练习 1.5

1. 保险公司将其客户分为高风险和低风险两类, 从公司的记录来看, 20% 的客户属于高风险类, 80% 属于低风险类. 此外, 根据以往的资料显示低风险类客户在任何给定年份至少提出一次索赔的概率为 0.25, 而高风险类客户的相应概率是低风险客户的两倍. 计算新客户在投保的第一年至少提出一次索赔的概率.

2. 大约 14% 的男性和 2% 的女性是色盲. 如果我们从一个大礼堂里随机选择一个人, 求在下列三种情况下这个人是色盲的概率.

(1)男性 80 人, 女性 60 人;

(2)男性和女性人数相等;

(3)女性比男性多三倍.

3. 同时投掷一枚红色和一枚蓝色的骰子, 求.

(1)蓝色骰子的点数大于红色骰子的点数的概率;

(2)两种骰子点数之差等于 2 的概率.

4. 投掷一枚骰子, 如果点数是 $i(1\leqslant i\leqslant 6)$, 则抛 i 次硬币. 求:

(1)这些硬币全部都是反面的概率;

(2)这些硬币全部都是同一面的概率.

5. 电视节目的参赛者必须回答有四个选项的选择题. 参赛者知道问题答案的概率是 75%. 如果参赛者不知道某个问题的答案, 那么她会随机给出一个答案. 如果她正确回答了问题, 那么她知道

答案的概率是多少?

6. 一个工厂有三条生产线. 在这三条生产线中,第一条生产线生产的产品的百分比是50%,第二条生产线是30%,第三条生产线是20%. 进一步假设,第一条生产线生产的产品有0.7%的产品是不合格品,而第二条生产线不合格品是0.9%,第三条生产线不合格品是1.3%. 从生产线上随机抽取一个产品做检测,假设发现是次品. 求最可能是由哪一条生产线生产的产品.

7. 假设在一个画展上,96%的展品是真的,剩下的4%的展品是赝品. 如果是真的,收藏者能辨别真迹的概率为90%,如果是赝品,收藏者能辨别真迹的概率为80%. 如果他离开展览时刚买了一幅他显然认为是真迹的画,那么它不是真迹的概率有多大?

8. 一个学生先后参加同一课程的两次考试,第一次考试及格的概率为 p,若第一次及格,则第二次及格的概率也是 p,若第一次不及格则第二次及格的概率为 $\frac{p}{2}$.

（1）若至少有一次及格他能取得某种资格,求他取得该资格的概率;

（2）若已知他第二次已经及格,求他第一次及格的概率.

1.6 事件的独立性:事件的独立性、伯努利概型

节前导读:

本节将要引入本章的又一个新概念——事件的独立性,概率论与数理统计中很多内容都是在独立的前提下讨论的. 围绕着事件的独立性本节将主要讨论:如何定义事件的独立性? 如何应用独立性? 何谓伯努利概型,如何应用伯努利概型求概率?

我们先从两个事件的独立性开始,然后研究更一般的情形.

1.6.1 两个事件的独立性

在条件概率中,我们曾经考察同一个样本空间中的两个事件,一个事件的发生是否会影响到另一个事件发生的概率,从而定义了条件概率,如果一个事件的发生没有影响到另一个事件发生的概率,我们称这两个事件相互独立,为了给出严格的数学定义,我们先从一个例子开始.

引例1.6.1 将一枚均匀的骰子投掷两次,考虑下列事件:A 表示第一次出现的点数为4,B 表示第二次出现的点数为3,求 $P(B|A)$.

解: 根据古典概型显然有 $P(B|A) = \dfrac{P(AB)}{P(A)} = \dfrac{\frac{1}{36}}{\frac{1}{6}} = \dfrac{1}{6}$.

同时我们注意到 $P(B) = \dfrac{1}{6}$,也就是说

$$P(B \mid A) = P(B),$$

即事件 A 的发生没有影响到事件 B 发生的概率. 从直观上讲,这很自然,第一次的投掷结果并不会影响到第二次投掷的结果,同样第二次的结果也不会影响到第一次,即

$$P(A \mid B) = P(A),$$

此时我们发现利用乘法公式上述的两个式子都可以得到

$$P(AB) = P(A)P(B).$$

这就是我们要定义的独立性,事实上,是两个事件概率上的独立性. 对此,我们引出如下定义.

定义 1.6.1 设 Ω 是一个样本空间,A 和 B 是两个事件,若

$$P(AB) = P(A)P(B),$$

则称事件 A 和 B 相互独立,简称 A 与 B 独立(independent).

说明:(1)若 $P(A) > 0$,则 A 与 B 独立等价于 $P(B \mid A) = P(B)$;

(2)若 $P(A) = 0$,则 A 与任何事件 B 都相互独立.

例 1.6.1 将一枚均匀的骰子投掷两次,考虑下列事件:A 表示第一次出现的点数为 4,B 表示第二次出现的点数为 3,C 表示两次点数之和为 7,D 表示两次点数之和为 6,判断(1)A 与 C 是否独立? (2)A 与 D 是否独立? (3)C 与 D 是否独立?

解:根据题意得 $P(A) = P(B) = P(C) = \dfrac{1}{6}$,$P(D) = \dfrac{5}{36}$.

(1)$P(AC) = \dfrac{1}{36} = P(A) \cdot P(C)$,所以 A 与 C 独立;

(2)$P(AD) = \dfrac{1}{36} \neq P(A) \cdot P(D) = \dfrac{5}{216}$,所以 A 与 D 不独立;

(3)$P(CD) = 0 \neq P(C) \cdot P(D) = \dfrac{5}{216}$,所以 C 与 D 不独立.

例 1.6.2 从一副不含大小王的扑克牌中任取一张,记:A 表示抽到 A,B 表示抽到的牌是红桃. 从一副不含大小王的扑克牌中取出黑桃 2,重新洗牌,再任取一张,C 表示抽到 A,D 表示抽到的牌是红桃. 判断(1)A 与 B 是否独立? (2)C 与 D 是否独立?

解:(1)根据题意得 $P(A) = \dfrac{4}{52} = \dfrac{1}{13}$,$P(B) = \dfrac{13}{52} = \dfrac{1}{4}$,$P(AB) = \dfrac{1}{52}$. $P(AB) = P(A) \cdot P(B)$,所以 A 与 B 独立;

(2)根据题意得 $P(C) = \dfrac{4}{51}$,$P(D) = \dfrac{13}{51}$,$P(CD) = \dfrac{1}{51}$.

$P(CD) \neq P(C) \cdot P(D)$,所以 C 与 D 不独立.

例 1.6.3 若随机事件 A 与 B 独立,则下列各对事件也相互独立:

(1)A 与 $\overline{B}$;(2)$\overline{A}$ 与 B;(3)$\overline{A}$ 与 $\overline{B}$.

证明:因为 $A = AB + A\overline{B}$,所以

$$P(A) = P(AB + A\overline{B}) = P(AB) + P(A\overline{B}) = P(A)P(B) + P(A\overline{B}),$$

整理得 $P(A\overline{B}) = P(A)(1 - P(B)) = P(A)P(\overline{B})$,所以 A 与 $\overline{B}$ 相互独立. 由此可推出 $\overline{A}$ 与 $\overline{B}$ 相互独立. 再由 $\overline{B}$ 的对立事件是 B,所以 $\overline{A}$ 与 B 也相互独立.

1.6.2 多个事件的独立性

首先我们研究三个事件的独立性,设 A,B,C 是三个随机事件,如何定义三个事件的相互独立性? 例如,若已知 A 与 C 独立,B 与 C 独立,能否推出 AB 与 C 独立? 我们在例 1.6.1 中已经知道 A 与 C 独立,B 与 C 独立,而 $P(ABC) \neq P(AB) \cdot P(C)$,所以 AB 与 C 不独立. 所以我们不能通过简单的两个事件的独立性直接推出三个事件的独立性,对此我们有了如下定义.

定义 1.6.2 设 A,B,C 是三个事件,若

$$\begin{cases} P(AB) = P(A)P(B), \\ P(AC) = P(A)P(C), \\ P(BC) = P(B)P(C), \end{cases}$$

则称事件 A,B,C 是两两独立. 若

$$P(ABC) = P(A)P(B)P(C)$$

也成立,则称事件 A,B,C 是相互独立的.

由此我们可以定义三个以上事件的独立性.

定义 1.6.3 设 $A_1, A_2, \cdots, A_n$ 为 n 个事件,若对于任意 $k(2 \leqslant k \leqslant n)$ 个事件,均有

$$P(A_{i_1} A_{i_2} \cdots A_{i_k}) = P(A_{i_1})P(A_{i_2}) \cdots P(A_{i_k}),$$

其中,$1 \leqslant i_1 < i_2 < \cdots < i_k \leqslant n$,则称事件 $A_1, A_2, \cdots, A_n$ 相互独立,简称独立.

显然,多个事件的独立性需要更多的等式成立,相互独立强于两两独立. 从定义中可以看出 n 个相互独立的事件中的任意一部分仍然是相互独立的.

1.6.3 事件独立的性质

从事件的独立性的定义可以看出,在独立的条件下许多概率计算变得简单,我们先看两个常用的性质.

性质 1 如果 n 个事件 $A_1, A_2, \cdots, A_n$ 相互独立,则将其中的任意 $k(1 \leqslant k \leqslant n)$ 个事件替换为各自的对立事件,形成的新事件序列仍相互独立.

性质 2 如果 n 个事件 $A_1, A_2, \cdots, A_n$ 相互独立,则有

$$P\left(\sum_{i=1}^{n} A_i\right) = 1 - \prod_{i=1}^{n} P(\overline{A_i}) = 1 - \prod_{i=1}^{n} [1 - P(A_i)].$$

例1.6.4　若甲、乙、丙三人各射一次靶,设他们相互不影响且各自中靶的概率分别为 0.5,0.6 和 0.8,求三人中有人中靶的概率.

解:令 A,B,C 分别表示甲、乙和丙中靶,则由题可知 A,B,C 相互独立且 $P(A)=0.5,P(B)=0.6,P(C)=0.8$. 而所求概率为:

$$
\begin{aligned}
P(A+B+C) &= 1-P(\bar{A}\ \bar{B}\ \bar{C}) \\
&= 1-P(\bar{A})P(\bar{B})P(\bar{C}) \\
&= 1-[1-P(A)][1-P(B)][1-P(C)] \\
&= 1-0.5\times0.4\times0.2=0.96.
\end{aligned}
$$

例1.6.5　若假设某彩票每周开奖一次,每次提供百万分之一的中奖机会,假设你每周买一张并坚持买了十年之久,请问十年中你中过奖的概率有多大?(每年按 52 周计算)

解:令 A_i"第 i 周中奖", $i=1,2,\cdots,520$. 则由题可知 $A_1,A_2,\cdots,A_{520}$ 独立,且 $P(A_i)=10^{-6},i=1,2,\cdots,520$. 而所求的概率为:

$$
\begin{aligned}
P(A_1+A_2+\cdots+A_{520}) &= 1-\prod_{i=1}^{520}[1-P(A_i)] \\
&= 1-(1-10^{-6})^{520} \\
&\approx 0.00052.
\end{aligned}
$$

1.6.4　伯努利概型

有了事件的独立性的概念后就可以定义两个和更多个试验的独立性.

定义1.6.4　设有两个试验 E_1 和 E_2,若试验 E_1 的任意结果(事件)与试验 E_2 的任意结果(事件)都是相互独立的事件则称试验 E_1 和 E_2 相互独立,简称**独立**.

类似地对于试验序列 $E_1,E_2,\cdots,E_n,\cdots$,若试验 E_1 的任意结果(事件),试验 E_2 的任意结果(事件),试验 E_n 的任意结果(事件),都是相互独立的事件,则称**试验序列 $E_1,E_2,\cdots,E_n,\cdots$ 相互独立**. 如果独立试验是相同的,则称其为**独立重复试验序列**,如果每次试验的可能结果有两个:A 或 $\bar{A}$,则称这种试验为**伯努利试验序列**或**伯努利概型**,如果独立重复进行 n 次试验,则称 n **重伯努利试验**或 n **重伯努利概型**.

在一次伯努利试验中的两个结果记为:A 或 $\bar{A}$,通常将 A 发生称为试验成功. 设 $P(A)=p,P(\bar{A})=q$,其中,$p>0,q>0,p+q=1$.

定理1.6.1　设在每次试验中,事件 A 发生的概率为 $p(0<p<1)$,令 $b(n,k,p)$ 表示在 n 重伯努利概型中事件 A 恰好成功 k 次的概率,$q=1-p$,则

$$
b(k;n,p)=C_n^k p^k q^{n-k}, k=0,1,\cdots,n.
$$

定理1.6.2　设在每次试验中,事件 A 发生的概率为 $p(0<$

$p < 1$),令 $g(k,p)$ 表示事件 A 首次发生在第 k 次试验的概率,$q = 1 - p$,则

$$g(k,p) = pq^{k-1}, k = 1,2,\cdots.$$

例 1.6.6 一辆机场大巴车载有 25 名乘客途经 9 个站,每位乘客在这 9 站中任意站下车都是等可能的且乘客相互不认识,求有 3 人在第 i 站下车的概率.

解: 由题意可知,25 人在第 i 站是否下车形成一个 25 重的伯努利概型,每个人在第 i 站下车的概率为 $p = \dfrac{1}{9}$,而所求概率为

$$b(3;n,p) = C_n^3 p^3 (1-p)^{n-3} = C_{25}^3 \left(\frac{1}{9}\right)^3 \left(1 - \frac{1}{9}\right)^{22} \approx 0.236.$$

练习 1.6

1. 如果事件 A 和 B 是独立的,且 $A \subset B$,证明:$P(A) = 0$ 或 $P(B) = 1$.

2. 如果事件 A 满足 $P(A) = 0$ 或者 $P(A) = 1$,证明:A 与任何事件独立.

3. 若 $P(A) > 0, P(B) > 0$,证明:A 与 B 相互独立和 A 与 B 互不相容不能同时成立.

4. 设袋中有 4 个球,其中 1 个涂成白色,1 个涂成红色,1 个涂成黄色,1 个涂有白、红、黄三种颜色. 现从袋中任取一球,设 $A = \{$取出的球涂有白色$\}$,$B = \{$取出的球涂有红色$\}$,$C = \{$取出的球涂有黄色$\}$.判断事件 A,B,C 是否两两独立? 是否相互独立?

5. 已知 A,B,C 是三个相互独立事件,且 $P(AB) = 0.3$,$P(AC) = 0.48, P(BC) = 0.1$.求概率 $P(A+B+C)$.

6. 投掷一个红骰子和一个蓝骰子. 考虑到事件 $A = \{$红骰子的结果为奇数$\}$;$B = \{$蓝骰子的结果为奇数$\}$;$C = \{$两种结果的和是一个奇数$\}$. 判断事件 A,B,C 是否两两独立? 是否相互独立?

7. 投掷骰子六次,如果在第 $i(1 \leqslant i \leqslant 6)$ 次投掷时,我们得到一个结果 i,我们说有一个一致性(投掷的序列号和骰子的结果相同),求在六次投掷中至少有一次一致的概率是多少?

8. 在三个元件串联的电路中,每个元件发生断电的概率依次为 0.3,0.4,0.6,且各元件是否断电相互独立,求电路断电的概率是多少?

9. 甲、乙两人进行一场比赛,每局甲胜的概率为 0.6. 设各局胜负各自独立,问对甲而言,是采用 3 局 2 胜制有利,还是采用 5 局 3 胜制有利?

10. 甲、乙两赌徒在每局获胜的概率都是 0.5,两人约定谁先赢得一定的局数就获得全部赌本. 但是赌博在中途被打断了,请问在以下两种情况中,应如何合理分配赌本:

（1）甲、乙两个赌徒都各需要赢 k 局才能获胜；

（2）甲赌徒还需要赢 2 局才能获胜，乙赌徒还需要赢 3 局才能获胜.

本章小结

本章中介绍了一类新的现象——随机现象，概率论就是研究随机现象的数量规律的一门数学学科. 初步学习概率论与数理统计这门课程，就会体会到它研究的核心内容是随机事件的概率，因此我们首先围绕随机事件与概率两个基本概念，介绍相关的概念、术语以及一系列基本关系式.

为了说清楚随机事件这一概念，我们把集合引入进来，定义了样本空间，有了样本空间，就可以定义随机事件，这样，每一个随机事件我们都可以用集合的形式精准地表达清楚. 同时事件的运算和关系与集合的运算和关系是一致的.

为了研究随机事件发生可能性的大小，也就是概率，我们先从两个基本模型：古典概型和几何概型出发，发现一般规律，然后引出概率的公理化体系定义.

事件的运算和概率的性质是本章的基本内容，是后续学习的基础.

条件概率是一种带有附加条件的概率，是指事件 B 在另外一个事件 A 已经发生的条件下的发生概率，条件概率可以表示为：$P(B|A)$. 条件概率也是概率，它也满足概率的公理. 从定义可以看出条件概率涉及两个事件，事实上，是研究了两个事件的某种概率关系，因此在概率论中，它是非常重要的概念. 有了条件概率，我们自然就有了乘法公式、全概率公式以及贝叶斯公式，这些公式在概率论中占有很重要的地位，使用频率很高.

事件的独立性也是概率论中非常重要的概念，概率论与数理统计中很多内容都是在独立的前提下讨论的. 在绝大多数情况下，我们往往根据直观经验很容易判断出事件的独立性，但是有时我们还必须根据事件的独立性的定义去验证独立性是否成立. 独立性的假设给我们计算概率带来了极大的方便，伯努利概型就是很好的例证.

总之本章涉及了概率论中大量的基本概念和公式，它们都是概率论的基础，也是学好后续章节的必要条件.

重要术语

随机现象 随机试验 统计规律性 统计概率 主观概率 样本空间 随机事件 必然事件 不可能事件 频率 概率 古典概型 几何概型 条件概率 乘法公式 全概率公式 贝叶斯

公式　事件的独立性　伯努利概型

习题 1

1. 从 n 个数 $1,2,\cdots,n$ 中任取 2 个,求其中一个小于 $k(1<k<n)$,另一个大于 k 的概率.

2. 在圆周上随机挑选 5 个点,求 5 个点都落在某一侧的半圆内的概率.

3. 从 5 双不同的鞋子中任取 4 只,求至少有 2 只配成一双的概率.

4. 有一根长为 l 的木棍,任意折成三段,求恰好能构成一个三角形的概率.

5. 已知 A,B 为随机事件,且 $P(A)=0.7,P(A-B)=0.3$,求 $P(\overline{AB})$.

6. 某个城市中发行三种报纸 A,B,C. 这个城市中有 45% 的居民订阅了 A 报,35% 的居民订阅了 B 报,30% 的居民订阅了 C 报,10% 的居民同时订阅了 A 报和 B 报,8% 的居民同时订阅了 A 报和 C 报,5% 的居民同时订阅了 B 报和 C 报,3% 的居民同时订阅了 A 报,B 报和 C 报. 求以下事件的概率:

(1)只订阅一种报纸;

(2)至少订阅一种报纸;

(3)不订阅任何报纸.

7. 设两个相互独立的事件 A 和 B 都不发生的概率为 $\frac{1}{9}$,A 发生 B 不发生的概率与 B 发生 A 不发生的概率相等,求 $P(A)$.

8. 证明:$|P(AB)-P(A)P(B)|\leqslant\frac{1}{4}$.

9. 计算机设备商店出售某种型号的 U 盘. 目前该店货架上共有 45 个 U 盘,其中 4 个是次品. 销售人员不知道哪些是次品,每次顾客想买 U 盘时,他就从货架上随机挑选一个,递给顾客. 求

(1)第三个 U 盘是次品的概率;

(2)第二个和第三个都是次品的概率.

10. 有 n 个口袋,每个口袋中均有 a 个白球,b 个黑球. 从第一个口袋中任取一个球放入第二个口袋,再从第二个口袋中任取一个球放入第三个口袋,如此下去,从第 $n-1$ 个口袋中任取一个球放入第 n 个口袋. 最后从第 n 个口袋中任取一个球,求取到的球是黑球的概率.

11. 在一个公司里,有三个秘书负责打印经理的邮件. 当秘书甲打印一封信时,她打错的概率是 0.04,而秘书乙打错的概率是 0.06,秘书丙打错的概率是 0.02. 秘书甲和秘书乙的工作量一样,秘书丙的工作量是他们的三倍. 今天早上,经理在秘书的信箱上留

下了一封手写的信,当他回来时,发现上面有打印错误.

(1)这封信由秘书甲打印的概率是多少?

(2)如果经理知道秘书丙这周休假,这封信由秘书甲打印的概率是多少?

12. 设平面区域 D_1 是由 $x=1$, $y=0$, $y=x$ 所围成,现从 D_1 中随机投入 10 个点. 求这 10 个点中至少有两个点落在由 $y=x^2$ 与 $y=x$ 所围成的区域 D 内的概率.

第 2 章

随机变量的分布与数字特征

在第 1 章中，我们通过样本空间建立了古典模型和几何概型，但是，一方面对几何概型中关于样本点的等可能性的描述是直观的，需要进一步严格化；另一方面，古典模型和几何概型的应用有很大的局限性，存在大量的随机现象不适合用这两种模型描述.

引例 2.1.1 一名大学生在生活中接触到的一些随机现象：

（1）一所大学每年新生中的女生数；

（2）一名大学生每年发生意外伤害的事故数；

（3）一名大学生在生活中遇到的各种等待时间：在地铁站的等车时间、在医院体检时的等待时间等；

（4）一名大学生的概率论与数理统计课程的期末考试成绩、在医院体检时身高的测量误差等.

要为上述随机现象建立合适的概率模型，就要进一步拓展古典模型和几何概型，就需要引入新的概念和工具. 这就是下面我们要讨论的随机变量的分布与数字特征.

2.1 随机变量：定义、作用和类型

节前导读：

本节将要引入一个新概念——随机变量，并主要讨论：何谓随机变量？随机变量与样本空间、随机事件有什么关系？随机变量都有哪些类型？

2.1.1 随机变量的概念

顾名思义，**随机变量**（random variable）就是其值"随机而定"的变量，即在给定条件下，事先不能确定取值的变量. 例如，一所大学每年大学新生中的女生数就是一个随机变量，其值事先不能确定.

随机变量的反面是所谓"确定性变量"，即在给定条件下，事先能确定取值的变量. 例如你匀速地沿着一条笔直的小道行走，则只

要给定时间就可以事前算出步行的路程. 但是,如果有一天你喝酒喝得微醺后沿着同一条小道步行,这时就不能事前算出你在给定时间后步行的路程. 在后一种情形中步行路程是随机变量,其值会"随机而定".

从绝对意义上讲,许多通常所谓的确定性变量本质上都有随机性,只是由于随机性因素干扰不大,使得其在目标所要求的精度内,不妨理想化地视为确定性变量.

有些初看起来与数值无关的随机现象,也常常能通过联系数值来描述. 例如,在掷硬币的试验中,每次出现的结果为正面或反面,与数值没有关系,但是我们可以用出现正面时记录为"1"而出现反面时记录为"0"的方法将其结果变为随机变量.

一般地,随机变量是随机试验结果的函数,随机变量的值随着试验结果的不同而变化,也就是说,随机变量是样本点的一个函数. 本书中常用大写英文字母 $X,Y,Z,\cdots$ 来表示随机变量,用小写字母 $x,y,z,\cdots$ 来表示随机变量的可能取值.

定义 2.1.1　随机变量 X 是定义在样本空间 Ω 上,取值为实数的函数(见图 2.1.1),即

$$X = X(\omega), \omega \in \Omega.$$

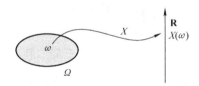

图　2.1.1

例如,一所大学每年大学新生中的女生数 X 是一个随机变量,严格地说,作为样本空间 Ω 上的函数定义为

$$X(\omega) = \omega, \omega \in \Omega = \{0, 1, 2, \cdots, n\}.$$

再如,在掷硬币试验中,将硬币掷两次,令 X 表示正面出现的次数,则 X 是一个随机变量, 作为样本空间 Ω 上的函数定义如表 2.1.1 所示.

表　2.1.1

ω	HH	HT	TH	TT
X	2	1	1	0

其中,"H"代表正面,"T"代表反面.

关于随机变量的讨论是概率论的核心内容,这是因为对于一个随机现象,我们所关注的往往是与所研究的特定问题有关的某些量,而这些量通常都是随机变量.

2.1.2 随机变量与随机事件的关系

引例2.1.2 在掷骰子的试验中,将骰子掷两次,令 E = "两枚骰子的点数之和至少是5",请问如何表示随机事件 E?

思路1:引入样本空间 $\Omega = \{(i,j) \mid i,j = 1,2,\cdots,6\}$,则随机事件 E 可以表示为

$$E = \{(1,4),\cdots,(4,1);(1,5),\cdots,(5,1);\cdots,(6,6)\}.$$

思路2:引入随机变量 X = "两枚骰子的点数之和",则随机事件 E 可以表示为

$$E = \{X \geqslant 5\}.$$

一般地,任意一个随机事件 E 都可以通过选择适当的随机变量 X 来表示(见图2.1.2).

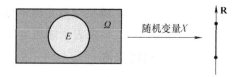

图 2.1.2

例如,对于随机事件 E,我们总可以选择用下列随机变量来表示:

$$X = \begin{cases} 1, & \text{若 } E \text{ 发生}; \\ 0, & \text{若 } E \text{ 不发生}. \end{cases}$$

例2.1.1 设甲、乙双方在进行"三局二胜制"的比赛,令 E = "甲最终获胜",请选择适当的随机变量 X 来表示事件 E.

解法1:令 X 为三盘比赛中甲胜的盘数,则 X 为随机变量且可将事件 E 表示为

$$E = \{X \geqslant 2\}.$$

解法2:令 Y 为直到甲胜第2盘为止所进行的比赛总盘数,则 Y 为随机变量且可将事件 E 表示为

$$E = \{Y \leqslant 3\}.$$

上述例子表明:随机事件的概念实际上是包含在随机变量这个更广的概念之内的. 也可以说,随机事件是从静态的角度讨论随机现象,而随机变量则是从动态的角度,正如微积分中常量与变量一样.

2.1.3 随机变量的类型

从随机试验可能出现的结果来看,随机变量至少有两种不同的类型. 一类是随机变量 X 可能取的值为有限多个或可列无限多个(所谓可列无限多个是指可以像列举自然数一样将关注对象一一列举出来),这种类型的随机变量称为**离散型随机变量**(discrete random variable）；否则，其他类型的随机变量统称为**非离散型随机变量**.

想一想　本节引例 2.1.1 中的随机变量哪些为离散型随机变量？

练习 2.1

1. 概率论与数理统计的一个教学班中共有 30 名学生，其中有 12 名男生和 18 名女生，教师采取随机点名的方式逐一找人回答一个问题，给出正确答案者记为"S"而未给出正确答案者记为"F"，且记 X = "直到有人给出正确答案为止时的点名人数".

（1）若点名不重复，写出 X 对应的样本空间以及 X 的所有可能的取值；

（2）若点名允许重复，写出 X 对应的样本空间以及 X 的所有可能的取值.

2. 一支股票未来的价格事先是未知的，这样的资产称为风险资产. 设一家公司股票的未来价格为 X，它的取值依赖于公司的内外经济状态，依赖关系如表 2.1.2 所示.

表　2.1.2

ω	ω_1	ω_2	ω_3	ω_4	ω_5
X（元）	3	3	2	2	2

其中，ω 表示相应的经济状态.

（1）若该公司股票在未来的价格为 2 元，则据此能够断定：哪些事件一定发生了，哪些事件一定没有发生？并举例说明不能确定是否发生的事件有哪些？

（2）在未来，通过观察该公司股票的价格能够确定是否发生的事件有哪些？

3. 甲和乙两位赌徒通过轮流掷一枚均匀硬币进行赌博，约定：若正面先出现 5 次则甲获胜，若反面先出现 5 次则乙获胜，获胜者可以得到全部赌金. 现在赌局进行到正面出现 3 次而反面出现 2 次时因故终止，为了合理分配全部赌金，考虑随机事件 E = "若赌局能继续甲最终获得全部赌金"，请选择合适的随机变量表示事件 E.

2.2 离散型随机变量的概率分布：概率分布的定义、性质和常用的离散型分布

节前导读：

本节将要引入本章的第二个新概念——概率分布，并将其作为新工具引入一些重要的概率模型.

本节主要讨论：何谓概率分布？如何用概率分布求概率？以概

率分布为工具可以建立哪些常用的概率模型?

2.2.1 概率分布的概念

所有可能取值为有限多个或可列无限多个的随机变量称为离散型随机变量,对于这种类型的随机变量,不仅要关注它可能取哪些值,更要关注它取各种值的概率. 为此,就需要引入新概念——**概率分布**.

定义2.2.1 设离散型随机变量 X 全部可能的取值为 $x_1, x_2, \cdots, X$ 取每个可能值的概率记为

$$p_i = P\{X = x_i\}, i = 1, 2, \cdots \tag{2.2.1}$$

则数列 $\{p_i, i = 1, 2, \cdots\}$ 称为离散型随机变量 X 的**概率分布**(probability distribution).

由概率的公理化定义容易看出,离散型随机变量的概率分布 $\{p_i, i = 1, 2, \cdots\}$ 满足下列两条性质:

(1) $p_i \geq 0, i = 1, 2, \cdots$;

(2) $\sum_i p_i = p_1 + p_2 + \cdots = 1$.

因此,概率分布就是一个所有项均非负且总和为 1 的数列,指出了概率 1 在它的所有可能取值上的分布情况,故而得名. 概率分布也常常写成下列**分布表**的形式,如表 2.2.1 所示.

表 2.2.1

X	x_1	x_2	$\cdots$	x_i	$\cdots$
P	p_1	p_2	$\cdots$	p_i	$\cdots$

$$\tag{2.2.2}$$

分布表能一目了然地看出离散型随机变量 X 的取值规律,所以分布表有时又称为**分布律**.

例2.2.1 设一袋中装有 5 个球,编号分别为 1 ~ 5. 现从袋中不放回地依次取 3 个球,以 X 表示取出的 3 个球中的最大号码,求随机变量 X 的概率分布.

解: 由题可知,随机变量 X 的所有可能的取值为 3,4,5,且根据古典概率公式有

$$P\{X = 3\} = \frac{1}{C_5^3} = \frac{1}{10},$$

$$P\{X = 4\} = \frac{C_3^2}{C_5^3} = \frac{3}{10}.$$

于是,随机变量 X 的概率分布为(见表 2.2.2).

表 2.2.2

X	3	4	5
P	0.1	0.3	0.6

一旦知道一个离散型随机变量 X 的概率分布,我们便可计算 X 所表示的任何事件的概率. 一般地,设随机变量 X 的概率分布为

$$p_i = P\{X = x_i\}, i = 1, 2, \cdots$$

若随机事件 A 可由随机变量 X 表示为区间 I_A,则随机事件 A 的概率为

$$P(A) = P\{X \in I_A\} = \sum_{x_i \in I_A} p_i. \tag{2.2.3}$$

例 2.2.2　设离散型随机变量 X 的概率分布为

$$P\{X = i\} = a \cdot \left(\frac{2}{3}\right)^i, i = 1, 2, \cdots$$

(1)求常数 a 的值;(2)求概率 $P\left\{X \geqslant \dfrac{3}{2}\right\}$ 和 $P\{0 < X \leqslant 3\}$.

解:(1)根据概率分布的性质,得 $a \geqslant 0$ 且满足

$$\sum_{i=1}^{\infty} P\{X = i\} = \sum_{i=1}^{\infty} a \cdot \left(\frac{2}{3}\right)^i = 2a = 1$$

所以,$a = \dfrac{1}{2}$.

(2)所求概率分别为

$$P\left\{X \geqslant \frac{3}{2}\right\} = 1 - P\left\{X < \frac{3}{2}\right\} = 1 - P\{X = 1\} = 1 - \frac{1}{3} = \frac{2}{3},$$

$$P\{0 < X \leqslant 3\} = \sum_{i=1}^{3} P\{X = i\} = \frac{1}{2} \sum_{i=1}^{3} \left(\frac{2}{3}\right)^i = \frac{19}{27}.$$

想一想　(1)例 2.2.1 中最后一项的概率是如何得来的?(2)例 2.2.1 中取球若改为有放回地进行,而随机变量 X 的定义不变,则 X 的概率分布是否会变? 给出你的结论和理由.

2.2.2　常用的概率分布

1. 均匀分布

设 $\Omega = \{\omega_1, \omega_2, \cdots, \omega_n\}$ 是一个古典概型,随机变量 X 作为样本空间 Ω 上的函数定义为

$$X(\omega_i) = x_i, i = 1, 2, \cdots, n$$

则随机变量 X 的概率分布为

$$p_i = P\{X = x_i\} = \frac{1}{n}, i = 1, 2, \cdots, n.$$

这一概率分布称为 n 个点 $\{x_1, x_2, \cdots, x_n\}$ 上的**均匀分布**(uniform distribution).

例如,设 X 表示投掷一枚均匀的骰子出现的点数,则 X 服从 $\{1, 2, \cdots, 6\}$ 上的**均匀分布**.

2. 二项分布

在伯努利概型中,设每次试验成功的概率为 p,令 X 表示 n 次试验中成功的次数,则随机变量 X 的概率分布为

$$p_k = P\{X = k\} = C_n^k p^k (1-p)^{n-k}, k = 0, 1, 2, \cdots, n.$$

$$\tag{2.2.4}$$

一般地，若随机变量 X 的概率分布由式(2.2.4)给出，则称 X 服从参数为 n 和 p 的**二项分布**(binomial distribution)，记作 $X \sim B(n,p)$.

特别地，当 $n=1$ 时，二项分布 $B(1,p)$ 也称为参数为 p 的 0—1 **分布**或**伯努利分布**.

想一想 式(2.2.4)为何取名为"二项分布"？

例 2.2.3 设甲乙双方进行比赛，在每局中甲获胜的概率为 0.6，乙获胜的概率为 0.4，各局比赛结果相互独立，若比赛采用五局三胜制，求甲能最终获胜的概率.

解： 令 X 为五局比赛中甲胜的局数，则由题可知 X 的概率分布为

$$X \sim B(5,0.6).$$

而所求概率为

$$P\{X \geqslant 3\} = 1 - P\{X \leqslant 2\} = 1 - \sum_{k=0}^{2} C_5^k 0.6^k 0.4^{5-k} = 0.68256.$$

即甲能最终获胜的概率为 0.68256.

想一想 在由双方参与的各类比赛中(如球赛和棋赛)，有多种不同的赛制安排：三局两胜制，五局三胜制等. 对于实力较强的一方来说，哪种赛制安排更有利？是比赛局数越多越好，还是越少越好？

3. 几何分布

在伯努利概型中，设每次试验成功的概率为 p，令 X 表示直到成功为止所进行的试验次数，则随机变量 X 的概率分布为

$$p_k = P\{X=k\} = q^{k-1}p, k=1,2,3,\cdots. \qquad (2.2.5)$$

由于 $q^{k-1}p(k=1,2,3,\cdots)$ 是一个几何数列(也称为等比数列)，因此，若随机变量 X 的概率分布由(式 2.2.5)给出，则称 X 服从参数为 p 的**几何分布**(geometric distribution)，记作 $X \sim G(p)$.

例 2.2.4 设 $X \sim G(p)$，求证：对任意两个正整数 m,n，都有

$$P\{X > m+n \mid X > m\} = P\{X > m+n\}. \qquad (2.2.6)$$

证明： 由题可知 X 的概率分布为

$$p_k = P\{X=k\} = q^{k-1}p, k=1,2,3,\cdots.$$

所以，对任意两个正整数 m,n，有

$$P\{X > m\} = \sum_{k=m+1}^{\infty} q^{k-1}p = q^m \sum_{k=1}^{\infty} q^{k-1}p = q^m,$$

$$P\{X > n\} = q^n, P\{X > m+n\} = q^{m+n}.$$

于是，有

$$P\{X > m+n \mid X > m\} = \frac{P\{X > m+n\}}{P\{X > m\}} = \frac{q^{m+n}}{q^m} = q^n = P\{X > n\}.$$

若 X 表示伯努利试验中等待首次成功的试验次数，则式(2.2.6)的直观含义是如果已知在前 m 次试验中没有出现成功，那么为了达到首次成功所再需要的试验次数仍然服从同一个几何分布，与前面的失败次数 m 无关，形象地说，就是把过去的经历完全忘记了，故而把式(2.2.6)称为几何分布的**无记忆性**.

4. 超几何分布

例 2.2.5 从某批 N 件产品中抽取 n 件进行检查，以 X 表示

抽检的 n 件产品中的次品数. 假设这批产品中共有 M 件次品,分别求

（1）当抽检采取有放回取样时, X 的概率分布;

（2）当抽检采取无放回取样时, X 的概率分布.

解: （1）抽检采取有放回取样时,令 $p = \dfrac{M}{N}$,则 $X \sim B(n,p)$,即

$$p_k = P\{X = k\} = C_n^k p^k (1-p)^{n-k}, k = 0,1,2,\cdots,n.$$

（2）当抽检采取无放回取样时,则由古典概率公式,可得 X 的概率分布为

$$p_k = P\{X = k\} = \frac{C_M^k C_{N-M}^{n-k}}{C_N^n}, k = 0,1,2,\cdots,n. \tag{2.2.7}$$

这里约定:当 $b > a$ 时,组合数 $C_a^b = 0$.

一般地,若随机变量 X 的概率分布由式(2.2.7)给出,则称 X 服从为参数为 N,M 和 n 的**超几何分布**（hypergeometric distribution）.

在实际问题中,例如产品抽检时,当产品的合格率稳定且抽检次数 n 相对于产品总数 N 足够小时,通常将无放回取样近似地当作有放回处理,从而可用二项分布代替超几何分布近似地计算相关概率.

严格地说,当 $N \to \infty$ 时,若 $\dfrac{M}{N} \to p$,则对任意给定的 n 和 k ,有

$$\lim_{N \to \infty} \frac{C_M^k C_{N-M}^{n-k}}{C_N^n} = C_n^k p^k (1-p)^{n-k}. \tag{2.2.8}$$

5. 泊松分布

若离散型随机变量 X 的概率分布为

$$p_k = P\{X = k\} = \frac{\lambda^k}{k!} e^{-\lambda}, k = 0,1,2,\cdots. \tag{2.2.9}$$

其中, $\lambda > 0$ 为常数,则称 X 服从参数为 λ 的**泊松分布**（poisson distribution）,记作 $X \sim P(\lambda)$.

在历史上,泊松分布是由法国数学家泊松（Poisson 1781—1840）于 1837 年作为二项分布的近似引入的,故而得名.下面的定理给出了二项分布与泊松分布两者间的关系.

想一想 式(2.2.9)所给出的数列是否满足概率分布的两条性质,请给出验证.

定理 2.2.1 【泊松定理】在 n 重伯努利概型中,设每次试验成功的概率为 p_n ,（注意 p_n 与试验的次数 n 有关）,若存在常数 $\lambda > 0$,使得当 $n \to \infty$ 时, $np_n \to \lambda$,则对任意给定的 k ,有

$$\lim_{n \to \infty} C_n^k p_n^k (1-p_n)^{n-k} = \frac{\lambda^k}{k!} e^{-\lambda}. \tag{2.2.10}$$

在实际应用中,当 n 较大 p 较小（一般当 $p \leqslant 0.1$ ）,而乘积 $\lambda = np$ 大小适中时,则可用泊松分布代替二项分布近似计算相关的概率(见图 2.2.1).

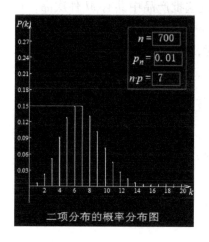 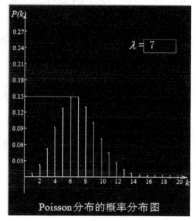

图 2.2.1

例2.2.6 某种新药标注服用者产生过敏反应的比例为万分之一,若该药的标注是真实可靠的,则两万名服此药的人中发生过敏反应的人数超过 5 个人的概率有多大.

解:令 X 为两万人中发生过敏反应的人数,则由题可知 X 的概率分布为

$$X \sim B(n,p).$$

其中, $n = 20000$, $p = 0.0001$,而乘积 $\lambda = np = 2$. 于是,所求概率为

$$P\{X > 5\} = 1 - P\{X \leqslant 5\} = 1 - \sum_{k=0}^{5} C_n^k p^k (1-p)^{n-k}$$

$$\approx 1 - \sum_{k=0}^{5} \frac{2^k}{k!} e^{-2} = 0.0166$$

即两万名服药者中产生过敏反应的人数超过 5 个人的概率约为 1.66%.

泊松分布本身也是一个重要的概率模型,可以用来描述许多随机现象. 例如,一个十字路口在一定时间内发生的交通事故数,大型超市中在一定时间内排队结账的人数,互联网中某个网站在一定时间内的访问数,保险公司在一定时间内被索赔的次数,显微镜下观察到的某区域内血细胞或微生物的数量等都近似地服从泊松分布.

练习2.2

1. 从 1～5 中任取 3 个数,按从小到大排列,令 X 表示中间那个数,求 X 的概率分布.

2. 设随机变量 X 的概率分布为(见表2.2.3).

表　2.2.3

X	-5	-2	0	2
P	$\dfrac{1}{5}$	$\dfrac{1}{10}$	c	$\dfrac{1}{2}$

求:(1) 常数 c 的值;(2) 概率 $P\{X>-3\}$,$P\{|X|<3\}$ 和 $P\{|X+1|>2\}$.

3. 求常数 c 为何值时才能使下列数列成为概率分布:

(1) $p_k=\dfrac{c}{N}$,$k=1,2,\cdots,N$;

(2) $p_k=c\dfrac{\lambda^k}{k!}$,$k=1,2,\cdots,(\lambda>0)$.

4. 设一支股票预计在一段时间内每天上涨和下跌的概率分别为 p 和 $1-p$,且每天涨跌相互独立,在这段时期里连续观察 n 个交易日,求这个 n 个交易日内这支股票下跌的天数的概率分布.

5. 根据经验,一名大学生第一次学习概率论与数理统计课程就可以考试及格的概率为 0.8,第一次未及格重修一次可以及格的概率为 0.7,现在概率论与数理统计课程一个教学班有 60 名学生,假设学生能否及格相互不影响.

求:(1) 这个班第一次学习就可以及格的人数 X 的概率分布;

(2) 至多重修一次就可以及格的人数 Y 的概率分布.

6. 某自动生产线在调整后出现次品的概率为 p,每当生产中出现次品就立即停机重新调整,求在两次调整之间生产的合格品数 X 的概率分布.

7. 大学生小王每周接听到广告推销电话的次数 X 服从泊松分布且满足

$$P\{X=1\}=P\{X=2\},$$

求:(1) 小王每周接听到 3 次广告推销电话的概率;(2) 小王每周接听到至少 3 次广告推销电话概率.

8. 一个公司生产一种品牌的手机,每一部手机有 0.01% 的概率为次品且各部手机是否为次品是相互独立的,求 20000 部手机中至少有 4 部是次品的概率,分别用二项分布和泊松分布近似来计算.

2.3　随机变量的分布函数:分布函数的定义、性质和应用

节前导读:

　　本节将要引入本章的第三个重要概念——**分布函数**,并围绕着分布函数讨论:为何引入分布函数?何谓分布函数?如何用分布函数求概率?如何用分布函数判别离散型随机变量?如何用分布函

数定义连续型随机变量?

2.3.1 分布函数的概念

我们回顾一下本章开头部分提出的引例2.1.1:

引例2.3.1 一名大学生在生活中接触到的一些随机现象:

(1)一所大学每年新生中的女生数;

(2)一名大学生每年发生意外伤害的事故数;

(3)一名大学生在生活中遇到的各种等待时间:在地铁站的等车时间、在医院体检时的等待时间等.

(4)一名大学生的概率论与数理统计课程的期末考试成绩、在医院体检时身高的测量误差等.

显然,第(1)和第(2)两类随机变量都是离散型随机变量,只需要确定它们各自的概率分布,就可以完全掌握它们的取值规律. 但是,第(3)和第(4)两类随机变量都是非离散型随机变量,它们的所有可能取值不能一一列举出来,因而就不能像离散型随机变量那样用概率分布来描述,这就需要引入新的概念——**分布函数**.

定义2.3.1 设 X 是一个随机变量,则函数

$$F(x) = P\{X \leqslant x\}, x \in (-\infty, +\infty) \quad (2.3.1)$$

称为随机变量 X 的**分布函数**(distribution function),记作 $X \sim F(x)$.

分布函数是一个定义在实数集上的普通函数,对离散型和非离散型随机变量都适用. 分布函数在每一点的函数值具有明确的概率含义,与概率的三条公理相对应,分布函数 $F(x)$ 具有下列三条基本性质:

(1)**单调性** 对于任意实数 a,b,若 $a < b$,则 $F(a) \leqslant F(b)$.

事实上,$F(b) - F(a) = P\{X \leqslant b\} - P\{X \leqslant a\} = P\{a < X \leqslant b\} \geqslant 0$.

(2)**有界性** $0 \leqslant F(x) \leqslant 1$ 且 $F(-\infty) = \lim\limits_{x \to -\infty} F(x) = 0$, $F(+\infty) = \lim\limits_{x \to +\infty} F(x) = 1$.

直观上,当 $x \to -\infty$ 时,事件$\{X \leqslant x\}$趋于不可能事件,从而其概率 $F(x) = P\{X \leqslant x\}$趋于0;当 $x \to +\infty$ 时,事件$\{X \leqslant x\}$趋于必然事件,从而其概率 $F(x) = P\{X \leqslant x\}$趋于1.

(3)**右连续性** 对于任意实数 a,有

$$\lim\limits_{x \to a^+} F(x) \triangleq F(a^+) = F(a). \quad （证明略）$$

反过来也可以证明,任何一个定义在实数集上的函数,只要具备上述三条性质,都可作为某个随机变量的分布函数. 因此,通常将具有上述三条性质的函数都称为分布函数.

一旦有了分布函数 $X \sim F(x)$,关于随机变量 X 的许多概率都能方便的算出来. 例如,对于任意实数 a,有

$(1)P\{X<a\} = \lim\limits_{x \to a^-} F(x) \triangleq F(a^-);$　　　　　　　(2.3.2)

$(2)P\{X=a\} = F(a) - F(a^-);$　　　　　　　(2.3.3)

$(3)P\{X>a\} = 1 - F(a).$　　　　　　　(2.3.4)

注:本书中符号 $F(a^-)$ 和 $F(a^+)$ 分别表示函数 $F(x)$ 在 a 点处的左极限和右极限.

例 2.3.1　设随机变量 X 的分布函数为

$$F(x) = \begin{cases} 0, & x<0, \\ \dfrac{1}{2} + \dfrac{x}{2}, & 0 \leqslant x \leqslant 1, \\ 1, & x>1. \end{cases}$$

求概率 $(1)P\{X<0\}$, $(2)P\{X=0\}$, $(3)P\{0<X<1\}$.

解:由题可知 X 的分布函数的图像(见图 2.3.1)
于是,所求概率分别为

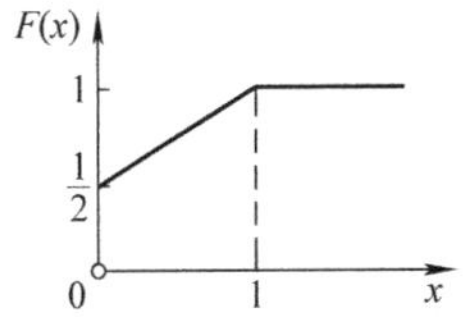

$(1)P\{X<0\} = F(0^-) = 0;$

$(2)P\{X=0\} = F(0) - F(0^-) = \dfrac{1}{2};$

$(3)P\{0<X<1\} = P\{X<1\} - P\{X \leqslant 0\} = F(1^-) - F(0) = \dfrac{1}{2}.$

图　2.3.1

1. 离散型随机变量的分布函数

下面讨论离散型随机变量的分布函数的特征及其与概率分布的关系.

例 2.3.2　设随机变量 $X \sim B\left(2, \dfrac{1}{2}\right)$,求随机变量 X 的分布函数 $F(x)$,并画出其图像.

解:由题可知,随机变量 X 的概率分布为(见表 2.3.1)

表　2.3.1

X	0	1	2
P	$\dfrac{1}{4}$	$\dfrac{1}{2}$	$\dfrac{1}{4}$

于是,对任意实数 x ,当 $x<0$ 时,

$$F(x) = P\{X \leqslant x\} = P\{X<0\} = 0;$$

当 $0 \leqslant x < 1$ 时,

$$F(x) = P\{X \leqslant x\} = P\{X=0\} = \dfrac{1}{4};$$

当 $1 \leqslant x < 2$ 时,

$$F(x) = P\{X \leqslant x\} = P\{X=0\} + P\{X=1\} = \dfrac{3}{4};$$

当 $x \geqslant 2$ 时,

$$F(x) = P\{X \leqslant x\} = P\{X \leqslant 2\} = 1.$$

综上,所求分布函数及其图像(见图 2.3.2)

$$F(x) = \begin{cases} 0, & x < 0, \\ \dfrac{1}{4}, & 0 \leqslant x < 1, \\ \dfrac{3}{4}, & 1 \leqslant x < 2, \\ 1, & x \geqslant 2. \end{cases}$$

如图 2.3.2 所示,离散型随机变量 X 的分布函数 $F(x)$ 是一个递增的阶梯函数,其跳跃点对应着 X 的每一个可能的取值点,跳跃高度等于相应点的概率.

一般地,离散型随机变量的概率分布与分布函数可以相互确定:随机变量 X 为离散型当且仅当其分布函数 $F(x)$ 为递增的阶梯函数,且分布函数的跳跃点对应着 X 的所有的可能取值点,跳跃高度等于相应点的概率. 比较而言,对离散型随机变量用概率分布更方便.

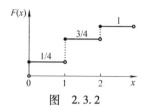

图 2.3.2

2. 连续型随机变量的分布函数

下面我们要通过分布函数引入第二类重要的随机变量——**连续型随机变量**.

定义 2.3.2 设 X 是一个随机变量,$F(x)$ 是 X 的分布函数,若存在一个非负可积函数 $f(x)$,使得对于任意实数 x,有

$$F(x) = \int_{-\infty}^{x} f(t)\,\mathrm{d}t, \tag{2.3.5}$$

则称 X 为**连续型随机变量**(continuous random variable).

根据定义 2.3.2,我们可以推出连续型随机变量具有下列特点:

(1)连续型随机变量 X 的分布函数 $F(x)$ 是实数集 **R** 上的连续函数. 事实上,根据微积分的知识可知,可积函数的变上限积分形式的函数都是连续函数.

(2)连续型随机变量 X 在实数集 **R** 内任意一点取值的概率均为零,即对于任意实数 a,有

$$P\{X = a\} = 0. \tag{2.3.6}$$

事实上,根据第(1)个特点,对于任意实数 a,有

$$F(a^-) = F(a),$$

所以,根据式 2.3.3,有

$$P\{X = a\} = F(a) - F(a^-) = 0.$$

例 2.3.3 设随机变量 X 的分布函数为

$$F(x) = \begin{cases} 0, & x \leqslant 0, \\ kx^2, & 0 < x \leqslant 2, \\ 1, & x > 2. \end{cases}$$

(1)求常数 k 的值;(2)判断 X 是否为连续型随机变量.

解:(1)由题可知,分布函数 $F(x)$ 的图像(见图 2.3.3)

观察图 2.3.3 可知,

$$\lim_{x \to 2^+} F(x) = 1, F(2) = 4k.$$

所以,根据分布函数 $F(x)$ 的右连续性,得

$$1 = 4k.$$

解得

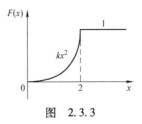

图　2.3.3

$$k = \frac{1}{4}.$$

(2)再次观察图 2.3.3 可知,分布函数 $F(x)$ 是连续函数且除 $x = 2$ 外在每点都可导. 令

$$f(x) = \begin{cases} F'(x), & \text{在 } F(x) \text{ 可导时}, \\ 0, & \text{其他}, \end{cases} = \begin{cases} \dfrac{x}{2}, & 0 < x < 2, \\ 0, & \text{其他}. \end{cases}$$

则容易验证对任意实数 x,有

$$F(x) = \int_{-\infty}^{x} f(t)\,\mathrm{d}t.$$

于是,根据定义 2.3.2,X 是连续型随机变量.

练习 2.3

1. 判断函数 $F(x) = \dfrac{1}{1 + x^2}$ 是否可作为某一随机变量的分布函数,如果

(1) $-\infty < x < +\infty$;

(2) $0 < x < +\infty$,其他场合适当定义;

(3) $-\infty < x < 0$,其他场合适当定义.

2. 求下列随机变量 X 的分布函数,并画出其图形

(1)X 服从参数为 p 的 $0-1$ 分布;

(2)X 服从集合 $\{-1, 0, 1\}$ 上的均匀分布;

3. 设随机变量 X 的分布函数为

$$F(x) = \begin{cases} a, & x < -3, \\ 1/5, & -3 \leqslant x < -1, \\ 3/10, & -1 \leqslant x < 1, \\ 1/2, & 1 \leqslant x < 3, \\ b, & x \geqslant 3. \end{cases}$$

求:(1)常数 a, b 的值;(2)判断 X 是否为离散型随机变量,并说明理由.

4. 设随机变量 X 的分布函数为

$$F(x) = \begin{cases} 0, & x \leqslant 0, \\ cx^2, & 0 < x \leqslant 1, \\ 0, & x > 1. \end{cases}$$

概率论与数理统计(经济类)

求:(1)常数 c 的值;(2)判断 X 是否为连续型随机变量,并说明理由.

5. 一位大学教师上课时习惯早到教室,设从这位教师到教室起直到第一位同学达到的等待时间 X(单位:min)的分布函数为

$$F(x) = \begin{cases} 1 - e^{-0.4x}, & x \geqslant 0, \\ 0, & x < 0. \end{cases}$$

计算下列概率:

(1)至多等待 3min;

(2)至少等待 4min;

(3)等待时间为 3min ~ 4min;

(4)等待时间恰好为 3.5min.

2.4 连续型随机变量的概率密度:定义、性质和常用的连续型分布

节前导读:

本节将要引入本章的第四个重要概念——**概率密度**,并围绕着概率密度讨论:何谓概率密度? 如何用概率密度求概率? 利用概率密度可以建立哪些重要的概率模型?

2.4.1 概率密度的概念

类比离散型随机变量的概率分布,我们为连续型随机变量引入概率密度的概念.

定义 2.4.1 设随机变量 X 的分布函数为 $F(x)$,若 $f(x)$ 为非负可积函数,且使得对于任意实数 x,有

$$F(x) = \int_{-\infty}^{x} f(t)\,dt, \qquad (2.4.1)$$

则称 $f(x)$ 为随机变量 X 的**概率密度函数**,简称**概率密度**(probability density)或**密度函数**.

连续型随机变量的概率密度与离散型随机变量的概率分布具有完全类似的性质和用处,下面我们进行说明.

对连续型随机变量 X 而言,概率密度与分布函数可以相互确定:利用式(2.4.1)可以由概率密度求分布函数;反过来,已知分布函数 $F(x)$ 可以按照下列公式求概率密度 $f(x)$:

$$f(x) = \begin{cases} F'(x), & \text{在 } F(x) \text{ 可导时}, \\ 0, & \text{其他}. \end{cases} \qquad (2.4.2)$$

事实上,一方面,在 X 的概率密度 $f(x)$ 的连续点处,它的分布函数 $F(x)$ 可导且其导数为

$$F'(x) = f(x). \qquad (2.4.3)$$

另一方面,概率密度 $f(x)$ 在个别点的函数值的改变不会改变分布函数 $F(x)$,所以我们不关注概率密度 $f(x)$ 在个别点上的值,

故而在 $F(x)$ 的不可导点, $f(x)$ 的函数值可以取为 0.

上面的讨论表明:概率密度 $f(x)$ 本身不是概率, 它反映了概率在 x 点处的"密集程度", 可类比连续物体的"质量密度", 不妨设想一条极细的无限长的金属杆, 总质量为 1, 概率密度就相当于杆上各点的质量密度. 这也是"概率密度"的这一名词的由来.

连续型随机变量 X 的概率密度 $f(x)$ 具有下列两条性质:

(1) $f(x) \geqslant 0$; (2.4.4)

(2) $\int_{-\infty}^{+\infty} f(x) \mathrm{d}x = 1$. (2.4.5)

反过来, 任何一个定义在实数集上的函数, 只要具有上述两条性质, 就可以作为某连续型随机变量的概率密度.

一旦知道一个连续型随机变量 X 的概率密度 $f(x)$, 就可以计算 X 所表示的任何事件的概率. 一般地, 对任意实数 $a, b(a \leqslant b)$, 有

$$P\{a < X \leqslant b\} = \int_a^b f(x)\mathrm{d}x. \quad (2.4.6)$$

特别地, 在 $f(x)$ 的连续点 x 处, 有

$$P\{x < X \leqslant x + \Delta x\} = \int_x^{x+\Delta x} f(t)\mathrm{d}t \approx f(x)\Delta x. \quad (2.4.7)$$

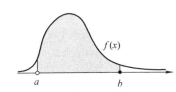
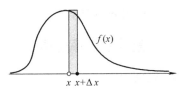

图 2.4.1 概率密度

要注意在式 (2.4.6) 中区间端点是否包含在内不影响计算的结果.

例 2.4.1 设连续型随机变量 X 的概率密度为

$$f(x) = \begin{cases} x, & 0 \leqslant x < 1, \\ 2-x, & 1 \leqslant x < a, \\ 0, & \text{其他}. \end{cases}$$

求: (1) 常数 a 的值; (2) 概率 $P\{|X| \leqslant \sqrt{2}\}$; (3) X 的分布函数 $F(x)$.

解: (1) 由概率密度的性质, 得

$$\int_0^1 x\mathrm{d}x + \int_1^a (2-x)\mathrm{d}x = 1$$

解得 $a = 2$.

于是, X 的概率密度及其图像为 (见图 2.4.2)

$$f(x) = \begin{cases} x, & 0 \leqslant x < 1, \\ 2-x, & 1 \leqslant x < 2, \\ 0, & \text{其他}. \end{cases}$$

(2) 根据式 (2.4.6), 所求概率为

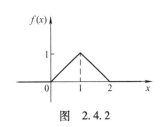

图 2.4.2

$$P\{|X| \leqslant \sqrt{2}\} = \int_{-\sqrt{2}}^{\sqrt{2}} f(x)\mathrm{d}x = \int_0^1 x\mathrm{d}x + \int_1^{\sqrt{2}} (2-x)\mathrm{d}x = 2(\sqrt{2}-1).$$

（3）根据式（2.4.1），X 的分布函数为（见图2.4.3）

$$F(x) = \begin{cases} 0, & x < 0, \\ \int_0^x t\mathrm{d}t, & 0 \leqslant x < 1, \\ \int_0^1 t\mathrm{d}t + \int_1^x (2-t)\mathrm{d}t, & 1 \leqslant x < 2, \\ 1, & x \geqslant 2, \end{cases}$$

$$= \begin{cases} 0, & x < 0, \\ \dfrac{1}{2}x^2, & 0 \leqslant x < 1, \\ 2x - \dfrac{1}{2}x^2 - 1, & 1 \leqslant x < 2, \\ 1, & x \geqslant 2. \end{cases}$$

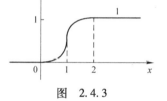

图 2.4.3

从本例中可以看出，虽然概率密度与分布函数是等价的，但是概率密度在图形上更直观因而更好用. 例如，从图2.4.2中可以明显看出随机变量 X 的取值都集中在0到2之间，且在1点最密集，而在这点的两边呈对称性的线性递减（见图2.4.3）.

下面利用概率密度引入三个重要的概率模型.

2.4.2 常用的概率密度

1. 区间上的均匀分布

若连续型随机变量 X 的概率密度为（见图2.4.4a）

$$f(x) = \begin{cases} \dfrac{1}{b-a}, & a \leqslant x \leqslant b, \\ 0, & \text{其他.} \end{cases} \tag{2.4.8}$$

则称 X 服从区间 $[a,b]$ 上的**均匀分布**（uniform distribution），记作 $X \sim U[a,b]$. 相应的分布函数为（见图2.4.4b）

$$F(x) = \begin{cases} 0, & x < a, \\ \dfrac{x-a}{b-a}, & a \leqslant x \leqslant b, \\ 1, & x > b. \end{cases} \tag{2.4.9}$$

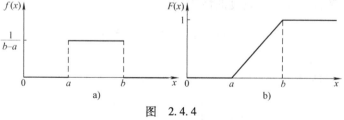

图 2.4.4

若随机变量 X 服从区间 $[a,b]$ 上的均匀分布，则 X 在 $[a,b]$ 内的所有可能取值构成一个几何概型，所以，区间 $[a,b]$ 上的均匀分布可看作一维几何概型的严格化,几何概型中样本点的等可能性被明确为概率密度均等.

在实际应用中,乘客在地铁站的等车时间,行人在路口遇到红灯后的等待时间,计算机定点计算的四舍五入误差等都可以认为服从区间上的均匀分布.

例 2.4.2　某地铁站每隔 5min 有一辆地铁到达,一位乘客每周上下班要乘坐 10 次该地铁. 假设该乘客每次等车时间服从均匀分布,求该乘客每周至少有 5 次等候时间超过 3min 的概率.

解:设 X 表示该乘客每次的等车时间,如图 2.4.5 所示

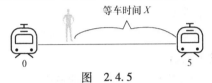

图　2.4.5

由题可知,
$$X \sim U[0,5].$$
所以,每次等车时间超过 3min 的概率为
$$p = P\{X > 3\} = \int_3^5 \frac{1}{5}\mathrm{d}x = 0.4.$$

令 Y 表示该乘客每周等车时间超过 3min 的次数,则 Y 的概率分布为
$$Y \sim B(10,0.4).$$
于是,所求概率为
$$P\{Y \geqslant 5\} = 1 - P\{Y \leqslant 4\} = 0.366897.$$
即该乘客每周上下班至少有 5 次等候时间超过 3min 的概率约为 0.367.

2. 指数分布

若连续型随机变量 X 的概率密度为(见图 2.4.6a)
$$f(x) = \begin{cases} \lambda \mathrm{e}^{-\lambda x}, & x \geqslant 0, \\ 0, & x < 0. \end{cases} \tag{2.4.10}$$
其中,$\lambda > 0$ 为常数,相应的分布函数为(见图 2.4.6b)
$$F(x) = \begin{cases} 1 - \mathrm{e}^{-\lambda x}, & x \geqslant 0, \\ 0, & x < 0, \end{cases} \tag{2.4.11}$$
则称 X 服从参数为 λ 的**指数分布**(exponential distribution),记作 $X \sim \mathrm{Exp}(\lambda)$.

指数分布常常作为各种等待时间或寿命的分布. 例如,乘客在公交车站的等车时间;一部新购手机的使用寿命;人的寿命等都常假定服从指数分布.

指数分布与几何分布类似也具有"无记忆性". 即,设随机变量 $X \sim \mathrm{Exp}(\lambda)$,则对任意正实数 t, s,有
$$P\{X \geqslant s + t \mid X \geqslant s\} = P\{X \geqslant t\}. \tag{2.4.12}$$

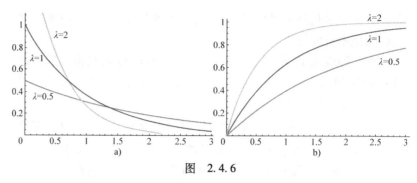

图 2.4.6

如果把随机变量 X 解释为人的寿命，那么式（2.4.12）表明在已知某人的年龄为 s 条件下该人可以再活 t 年的概率与年龄 s 无关.

例 2.4.3 设乘客在某公交站等车时间 X 服从参数为 $\lambda = 0.2$ 的指数分布，求下列概率

（1）乘客在 $5\min$ 内能等到公交车的概率；

（2）乘客已等了 $5\min$，在接下来的 $5\min$ 内能等公交车的概率；

（3）乘客直到第二个 $5\min$ 内才等到公交车的概率.

解：由题可知，乘客等车时间 X 的分布函数为

$$F(x) = \begin{cases} 1 - e^{-\frac{1}{5}x}, & x \geqslant 0, \\ 0, & x < 0. \end{cases}$$

于是，所求概率分别为

（1）$p = P\{X \leqslant 5\} = F(5) = 1 - e^{-1}$；

（2）$P\{X \leqslant 10 \mid X > 5\} = P\{X \leqslant 5\} = 1 - e^{-1}$；

（3）$P\{5 < X \leqslant 10\} = P\{X > 5\} \cdot P\{X \leqslant 10 \mid X > 5\} = (1-p)p = e^{-1} - e^{-2}$.

想一想 指数分布与几何分布都具有无记忆性，两者之间是否有着内在的联系？

3. 正态分布

若连续型随机变量 X 的概率密度为

$$f(x) = \frac{1}{\sqrt{2\pi}\sigma} e^{-\frac{(x-\mu)^2}{2\sigma^2}}, \quad -\infty < x < +\infty \qquad (2.4.13)$$

其中，$\sigma > 0$，μ 和 σ 均为常数，相应的分布函数为

$$F(x) = \frac{1}{\sqrt{2\pi}\sigma} \int_{-\infty}^{x} e^{-\frac{(t-\mu)^2}{2\sigma^2}} \mathrm{d}t, \quad -\infty < x < +\infty,$$

$$(2.4.14)$$

则称 X 服从参数为 μ 和 σ^2 的**正态分布**（normal distribution），记作 $X \sim N(\mu, \sigma^2)$.

特别地，当 $\mu = 0$ 和 $\sigma^2 = 1$ 时，即 $X \sim N(0,1)$，称 X 服从**标准正态分布**（standard normal distribution），其概率密度和分布函数分别记作 $\varphi(x)$ 和 $\Phi(x)$，即

$$\varphi(x) = \frac{1}{\sqrt{2\pi}} e^{-\frac{x^2}{2}}, \quad -\infty < x < +\infty, \qquad (2.4.15)$$

$$\Phi(x) = \frac{1}{\sqrt{2\pi}} \int_{-\infty}^{x} e^{-\frac{t^2}{2}} \mathrm{d}t, \quad -\infty < x < +\infty. \qquad (2.4.16)$$

观察图 2.4.7 可知,标准正态分布的概率密度 $\varphi(x)$ 是偶函数,而分布函数 $\Phi(x)$ 满足

$$\Phi(-x) = 1 - \Phi(x). \qquad (2.4.17)$$

$\Phi(x)$ 的具体函数值可以通过查找标准正态分布函数表(见标准正态分布函数值表)得到.

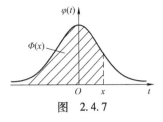

图　2.4.7

例 2.4.4　设随机变量 $X \sim N(0,1)$.

(1)求概率 $P\{X < -1.96\}, P\{|X| > 1.96\}$;

(2)求常数 a,使得 $P\{|X| \leqslant a\} = 0.9242$.

解:(1)直接查阅标准正态分布函数表可得

$$P\{X < 1.96\} = \Phi(1.96) = 0.975.$$

于是,所求概率为

$$\begin{aligned}
P\{X < -1.96\} &= P\{X \leqslant -1.96\} = \Phi(-1.96) \\
&= 1 - \Phi(1.96) = 0.025,
\end{aligned}$$

$$\begin{aligned}
P\{|X| > 1.96\} &= P\{X > 1.96\} + P\{X < -1.96\} \\
&= 2P\{X < -1.96\} = 0.05.
\end{aligned}$$

(2)因为

$$P\{|X| \leqslant a\} = \Phi(a) - \Phi(-a) = 2\Phi(a) - 1,$$

所以

$$\Phi(a) = \frac{1}{2}(P\{|X| \leqslant a\}) = \frac{1}{2}(0.9242 + 1) = 0.9621,$$

通过查标准正态分布函数表得,

$$1.77 < a < 1.78,$$

所以可取 $a = 1.775$.

一般正态分布的分布函数值可以通过下述定理转化为标准正态分布的分布函数值.

定理 2.4.1　【**标准化定理**】若随机变量 $X \sim N(\mu, \sigma^2)$,则 $\dfrac{X - \mu}{\sigma} \sim N(0,1)$. 其中,$\dfrac{X - \mu}{\sigma}$ 称为 X 的**标准化**. 本定理的证明留到下一节完成.

于是,若随机变量 $X \sim N(\mu, \sigma^2)$,则 X 的分布函数 $F(x)$ 就可以写成

$$F(x) = P\{X \leqslant x\} = P\left\{\frac{X - \mu}{\sigma} \leqslant \frac{x - \mu}{\sigma}\right\} = \Phi\left(\frac{x - \mu}{\sigma}\right) \qquad (2.4.18)$$

这样,我们就可以利用标准正态分布函数表计算一般正态分布的函数值. 例如,设 $X \sim N(\mu, \sigma^2)$,则有

$$P\{|X - \mu| \leqslant k\sigma\} = 2\Phi_0(k) - 1 = \begin{cases} 0.6826, & k = 1, \\ 0.9545, & k = 2, \\ 0.9974, & k = 3. \end{cases}$$

$$(2.4.19)$$

这就是所谓的"3σ"准则,相应的图形(见图 2.4.8)分别为

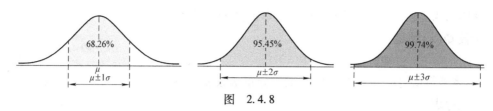

图 2.4.8

正态分布是概率论中最重要、最常用的分布,各种测量的误差,人的各项指标(身高,体重),工厂产品的尺寸,农作物的收获量,学生的考试成绩等都常假定服从正态分布.

例 2.4.5 设从甲地到乙地有两条路线,第一条路线穿过市区,路程较短但交通拥挤,所需时间(单位:min)服从 $N(50,10)$;第二条是走环城公路,路程较长但交通通畅,所需时间服从 $N(60,4)$.(1)假若有 70min 可用,问应走哪条路线?(2)若只有 65min 可用,又应走哪条路线?

解: 显然应走在允许的时间内达到目的地的概率较大的路线,以 T 表示所需时间,则由题意可知:

(1)有 70min 可用时,走第一路线能及时赶到目的地的概率为

$$P\{X \leqslant 70\} = \Phi\left(\frac{70-50}{10}\right) = \Phi(2);$$

走第二路线能及时赶到目的地的概率为

$$P\{X \leqslant 70\} = \Phi\left(\frac{70-60}{4}\right) = \Phi(2.5).$$

显然,此时应走第二条路线.

(2)有 65min 可用时,走第一路线能及时赶到目的地的概率为

$$P\{X \leqslant 65\} = \Phi\left(\frac{65-50}{10}\right) = \Phi(1.5);$$

走第二路线能及时赶到目的地的概率为

$$P\{X \leqslant 65\} = \Phi\left(\frac{65-60}{4}\right) = \Phi(1.25).$$

显然,此时,应走第一条路线.

在历史上,正态分布有两个来源.一是来源于英国数学家棣莫弗(Abrahamde Moivre)(见图 2.4.9)对二项分布的研究,在 1733 年的一篇文章中棣莫弗发现:

若 $X \sim B(n,p)$,$p = \dfrac{1}{2}$,则对任意实数 x,有

$$\lim_{n \to \infty} P\left\{\frac{X-np}{\sqrt{np(1-p)}} \leqslant x\right\} = \int_{-\infty}^{x} \frac{1}{\sqrt{2\pi}} e^{-\frac{t^2}{2}} dt = \Phi(x).$$

我们将会在第 3 章中继续讨论棣莫弗的这一结果,并介绍其推广后的结果.

正态分布的第二个历史来源是德国数学家高斯(Carl Friedrich Gauss,1777—1855)(见图 2.4.10)对各类观测或测量的随机误差

图 2.4.9
(Abraham de Moivre,
1667—1754)

的研究. 在发表于 1809 年的一本书中,高斯利用最大似然思想推导
出各类观测或测量的随机误差的概率密度为

$$f(x) = \frac{1}{\sqrt{2\pi}h} e^{-\frac{x^2}{2h^2}}, \ -\infty < x < +\infty.$$

图 2.4.10　原德国纸币上的高斯及正态分布

练习 2.4

1. 求常数 k 为何值时,能使下列函数成为概率密度:

(1) $f(x) = k e^{-|x|}, x \in (-\infty, +\infty)$;

(2) $f(x) = \begin{cases} k\cos x, & -\dfrac{\pi}{2} \leqslant x \leqslant \dfrac{\pi}{2}, \\ 0, & \text{其他}. \end{cases}$

2. 设 $f(x), g(x)$ 是两个概率密度函数,α 是一个常数满足 $0 \leqslant \alpha \leqslant 1$, 验证

$$h(x) = \alpha f(x) + (1 - \alpha) g(x)$$

也是一个概率密度函数.

3. 设连续型随机变量 X 的分布函数为

$$F(x) = A + B\arctan x, \ -\infty < x < +\infty.$$

求 (1) 常数 A, B 的值; (2) X 的概率密度.

4. 设连续型随机变量 X 的概率密度在 $[0,1]$ 之外的值恒为 0,
而在 $[0,1]$ 上与 x^2 成正比. 求 X 的概率密度 $f(x)$ 和分布函数 $F(x)$.
并分别画出它们的图形.

5. 某城市每天用电量不超过 1000 万 kW·h. 以 X 表示每天的
耗电率(即用电量除以一千万度). 它的概率密度为

$$f(x) = \begin{cases} 12x(1-x)^2, & 0 \leqslant x \leqslant 1, \\ 0, & \text{其他}. \end{cases}$$

若该城市每天的供电量计划仅有 800 万 kW·h,求供电量不够需要
的概率有多大? 如每天供电量为 900 万 kW·h 又会怎样呢?

6. 设随机变量 X 服从区间 $(0,5)$ 上的均匀分布,求方程

$$4t^2 + 4Xt + X + 2 = 0$$

有实根的概率.

7. 验证指数分布具有无记忆性.

8. 某银行的窗口等待服务的时间 X(单位:min)服从参数 $\lambda =$

$\dfrac{1}{5}$ 的指数分布. 某位顾客每月要到该银行办理 5 次业务. 每次办理业务时若等待服务时间超过 10min 就离开. 求该顾客每月至少有一次未等到服务而离开的概率.

9. 设随机变量 $X \sim N(3,2^2)$.

(1)求概率 $P\{2 < X \leqslant 5\}$，$P\{|X| > 2\}$，$P\{X > 3\}$；

(2)确定最大的 d，使得 $P\{X > d\} \geqslant 0.9$.

10. 某大学学生的血压 X 服从正态分布 $N(110,12^2)$（收缩压单位:mmHg）. 现在该校一名学生准备去体检,

（1）求该生体检时血压低于 86mmHg 或高于 134mmHg 的概率；

（2）确定最小的 c，使得 $P\{|X| > c\} \leqslant 0.05$.

11. 某大学新生入学体检时体重测量的随机误差 X 服从正态分布 $N(0,10^2)$（单位:g）,求 100 名新生中至少有三名学生体重的测量误差的绝对值超过 19.6g 的概率 α，并用泊松分布求 α 的近似值.

2.5 随机变量函数的分布

节前导读:

本节将围绕着随机变量函数的概念,讨论何谓随机变量函数? 如何求随机变量函数的分布?

2.5.1 随机变量函数的概念

定义2.5 设 X, Y 是两个随机变量,若存在一个函数 $g(x)$,使得

$$Y = g(X), \tag{2.5.1}$$

则称随机变量 Y 是随机变量 X 的**函数**.

例如,电影大片在票价 p 给定的情况下售出的门票数 Q 是一个随机变量,而票房收入 R 是 Q 的函数,即

$$R = g(Q) = pQ.$$

在许多理论或应用问题中,需要计算随机变量函数的分布,事实上在上节定理 2.4.1 中我们已经遇到这类问题. 这类问题较为一般的提法是:若已知随机变量 X 的分布和函数 $g(x)$,如何求 $Y = g(X)$ 的分布?

为了简化表述,我们约定:在本书后面的章节中,当提到一般的随机变量 X 的分布时指的是分布函数,当 X 是离散型时指的是概率分布,当 X 是连续型时指的是概率密度. 下面仅对离散型随机变量和连续型随机变量这两种情形进行讨论.

2.5.2 离散型随机变量函数的分布

这种情况比较简单,故只需要简单讨论. 显然,离散型随机变量

X 的函数 $Y = g(X)$ 还是离散型随机变量,因此,我们需要讨论的是如何利用 X 的概率分布导出其函数 $Y = g(X)$ 的概率分布,看一个简单的例子.

例2.5.1 设离散型随机变量 X 的概率分布为(见表 2.5.1).

表 2.5.1

X	-2	-1	0	1	2
P	0.2	0.2	0.2	0.2	0.2

求随机变量 $Y = X^2$ 的概率分布.

解: 由题可知,Y 的所有可能取值为 $0,1,4$,且有

$$P\{Y = 0\} = P\{X^2 = 0\} = P\{X = 0\} = 0.2,$$

$$P\{Y = 1\} = P\{X^2 = 1\} = P\{X = 1\} + P\{X = -1\} = 0.4.$$

于是,Y 的概率分布为(见表 2.5.2).

表 2.5.2

Y	0	1	4
P	0.2	0.4	0.4

从上例中可以概括出,由随机变量 X 的概率分布导出其函数 $Y = g(X)$ 的概率分布的一般步骤:

(1)根据 X 的可能取值确定 Y 的所有可能取值;

(2)根据函数 $g(x)$ 确定 Y 的每一个可能取值 y_j 对应的 X 的取值范围,即

$$C_j = \{x_i \mid g(x_i) = y_j\}. \tag{2.5.2}$$

根据 X 的概率分布确定 Y 的每一个可能取值 y_j 的概率,即

$$P\{Y = y_j\} = P\{X \in C_j\} = \sum_{x_i \in C_j} P\{X = x_i\}. \tag{2.5.3}$$

2.5.3 连续型随机变量函数的分布

接下来将讨论更重要的连续型情况. 首先,请思考:

下面主要讨论连续型随机变量 X 的函数 $Y = g(X)$ 还是连续型随机变量的情形,并通过具体例子介绍利用 X 的概率密度导出 $Y = g(X)$ 的概率密度的方法.

想一想 连续型随机变量 X 的函数 $Y = g(X)$ 是否一定还是连续型随机变量.

例2.5.2 设连续型随机变量 X 的概率密度为 $f_X(x)$,令

$$Y = g(X) = aX + b,$$

其中,a 和 b 均为给定的常数且 $a > 0$. 求证:

(1)Y 的概率密度为

$$f_Y(y) = \frac{1}{a} f_X\left(\frac{y - b}{a}\right). \tag{2.5.4}$$

(2)若 $X \sim N(\mu, \sigma^2)$,则 $Y = \dfrac{X - \mu}{\sigma} \sim N(0, 1)$.

证明: (1)根据 Y 与 X 的函数关系,先确定 X 的分布函数 $F_X(x)$ 与 Y 的分布函数 $F_Y(y)$ 的关系:

$$F_Y(y) = P\{Y \leqslant y\} = P\{(aX+b) \leqslant y\} = P\left\{X \leqslant \frac{y-b}{a}\right\} = F_X\left(\frac{y-b}{a}\right).$$

通过对上式两边关于 y 求导,再确定 X 的概率密度 $f_X(x)$ 与 Y 的概率密度 $f_Y(y)$ 的关系:

$$f_Y(y) = F_Y'(y) = \left(F_X\left(\frac{y-b}{a}\right)\right)' = F_X'\left(\frac{y-b}{a}\right) \cdot \left(\frac{y-b}{a}\right)' = \frac{1}{a} f_X\left(\frac{y-b}{a}\right).$$

即有

$$f_Y(y) = \frac{1}{a} f_X\left(\frac{y-b}{a}\right).$$

(2)因为 $X \sim N(\mu, \sigma^2)$,所以 X 的概率密度为

$$f_X(x) = \frac{1}{\sqrt{2\pi}\sigma} e^{-\frac{(x-\mu)^2}{2\sigma^2}}, x \in (-\infty, +\infty).$$

注意到, $Y = \frac{X-\mu}{\sigma}$,其中, $a = \frac{1}{\sigma} > 0, b = -\frac{\mu}{\sigma}$,所以利用式(2.5.4)得 Y 的概率密度为

$$f_Y(y) = \frac{1}{a} f_X\left(\frac{y-b}{a}\right) = \sigma \cdot \frac{1}{\sqrt{2\pi}\sigma} e^{-\frac{(\sigma y + \mu - \mu)^2}{2\sigma^2}} = \frac{1}{\sqrt{2\pi}} e^{-\frac{y^2}{2}}, y \in (-\infty, +\infty).$$

这表明:

$$Y = \frac{X-\mu}{\sigma} \sim N(0,1).$$

上述结论可以进一步推广为:

定理 2.5.1 【线性函数】 设连续型随机变量 X 的概率密度为 $f_X(x)$,令

$$Y = aX + b$$

其中, $a \neq 0$ 和 b 均为给定的常数.则 Y 的概率密度为

$$f_Y(y) = \frac{1}{|a|} f_X\left(\frac{y-b}{a}\right). \tag{2.5.5}$$

定理 2.5.2 【正态分布的线性函数】 设 $X \sim N(\mu, \sigma^2)$,令

$$Y = aX + b.$$

其中, $a \neq 0$ 和 b 均为给定的常数.则

$$Y \sim N(a\mu + b, a^2\sigma^2). \tag{2.5.6}$$

定理 2.5.1 和定理 2.5.2 的证明留作练习.

例 2.5.3 假设某种传染性病毒在某地爆发后 24h 的传染范围是圆形区域,且传染半径(单位:km) R 的概率密度为

$$f_R(r) = \begin{cases} \frac{3}{4}[1 - (20-r)^2], & 19 \leqslant r \leqslant 21, \\ 0, & \text{其他}. \end{cases}$$

试求该病毒在某地爆发后 24 小时的传染面积 Y 的概率密度.

解:由题可知, Y 与 R 的函数关系为

$$Y = g(R) = \pi R^2.$$

利用上述函数关系,有

$$P\{Y \leq y\} = P\{\pi R^2 \leq y\} = \begin{cases} P\left\{-\sqrt{\dfrac{y}{\pi}} \leq R \leq \sqrt{\dfrac{y}{\pi}}\right\}, & y \geq 0, \\ 0, & \text{其他.} \end{cases}$$

所以, R 的分布函数 $F_R(r)$ 与 Y 的分布函数 $F_Y(y)$ 的关系为

$$F_Y(y) = \begin{cases} F_R\left(\sqrt{\dfrac{y}{\pi}}\right) - F_R\left(-\sqrt{\dfrac{y}{\pi}}\right), & y \geq 0, \\ 0, & \text{其他.} \end{cases} \quad (2.5.7)$$

再对上式两边关于 y 求导, 可得 R 的概率密度 $f_R(r)$ 与 Y 的概率密度 $f_Y(y)$ 的关系为

$$f_Y(y) = \begin{cases} \dfrac{1}{2\sqrt{\pi y}}\left[f_X\left(\sqrt{\dfrac{y}{\pi}}\right) + f_X\left(-\sqrt{\dfrac{y}{\pi}}\right)\right], & y > 0, \\ 0, & \text{其他.} \end{cases} \quad (2.5.8)$$

最后, 将已知的概率密度 $f_R(r)$ 代入式(2.5.8), 可得所求的概率密度为

$$f_Y(y) = \begin{cases} \dfrac{1}{2\sqrt{\pi y}} \cdot \dfrac{3}{4}\left[1 - \left(20 - \sqrt{\dfrac{y}{\pi}}\right)^2\right], & 19 \leq \sqrt{\dfrac{y}{\pi}} \leq 21, \\ 0, & \text{其他,} \end{cases}$$

$$= \begin{cases} \dfrac{3}{8\sqrt{\pi y}}\left[1 - \left(20 - \sqrt{\dfrac{y}{\pi}}\right)^2\right], & 361\pi \leq y \leq 441\pi, \\ 0, & \text{其他.} \end{cases}$$

例 2.5.4 【对数正态分布】 在金融市场上, 资产的未来价格 X 往往具有随机波动性. 为了便于进行理论或实证分析, 金融学家们通常会假定未来价格 X 的对数 $\ln X$ 服从正态分布 $N(\mu, \sigma^2)$, 这时称 X 服从参数为 μ 和 σ^2 的**对数正态分布**. 试求对数正态分布的概率密度.

解: 已知 $Y = \ln X \sim N(\mu, \sigma^2)$, 即 Y 的概率密度为

$$f_Y(y) = \dfrac{1}{\sqrt{2\pi}\sigma}\mathrm{e}^{-\frac{(y-\mu)^2}{2\sigma^2}}, y \in (-\infty, +\infty).$$

当 $x > 0$ 时, 有

$$P\{X \leq x\} = P\{\mathrm{e}^Y \leq x\} = P\{Y \leq \ln x\}.$$

即 X 的分布函数 $F_X(x)$ 与 Y 的分布函数 $F_Y(y)$ 的关系为

$$F_X(x) = \begin{cases} F_Y(\ln x), & x > 0, \\ 0, & \text{其他.} \end{cases}$$

于是, 可得所求的概率密度为

$$f_X(x) = F_X'(x) = \begin{cases} \dfrac{1}{x}f_Y(\ln x), & x > 0, \\ 0, & \text{其他,} \end{cases} = \begin{cases} \dfrac{1}{\sqrt{2\pi}\sigma x}\mathrm{e}^{-\frac{(\ln x - \mu)^2}{2\sigma^2}}, & x > 0, \\ 0, & \text{其他.} \end{cases}$$

从上述例子可以概括出, 由随机变量 X 的概率密度导出其函

数 $Y = g(X)$ 的概率密度的一般步骤:

第1步 根据 Y 与 X 的函数关系,先确定 X 的分布函数 $F_X(x)$ 与 Y 的分布函数 $F_Y(y)$ 的关系;

第2步 通过对分布函数求导,再确定 X 的概率密度 $f_X(x)$ 与 Y 的概率密度 $f_Y(y)$ 的关系;

第3步 最后将已知的概率密度 $f_X(x)$ 代入第2步确定的关系中求出的概率密度 $f_Y(y)$.

练习 2.5

1. 设随机变量 X 服从集合 $\{-2,-1,0,1,2\}$ 上的均匀分布. 分别求 $2X+1$ 和 X^2 的概率分布.

2. 设随机变量 X 服从区间 $[-2,2]$ 上的均匀分布,a,b 为参数且 $a \neq 0$.

(1)证明 $aX+b$ 仍然服从区间上的均匀分布. 并写出其概率密度;

(2)求 X^2 的概率密度.

3. 设随机变量 X 服从参数为1的指数分布,a,b 为参数且 $a \neq 0$. 求 $aX+b$ 的概率密度. 并讨论 a,b 满足什么条件时 $aX+b$ 服从指数分布.

4. (1) 设随机变量 $X \sim N(0,1)$. 则 X^2 所服从的分布称为自由度为1的卡方分布. 记作 $\chi^2(1)$. 求 $\chi^2(1)$ 的概率密度;

(2)设随机变量 X 服从参数为 λ 的指数分布,$2\lambda X$ 所服从的分布称为自由度为2卡方分布. 记作 $\chi^2(2)$. 求 $\chi^2(2)$ 的概率密度.

5. (1) 设随机变量 X 服从参数为1的指数分布,求 $Y = 1 - e^{-X}$ 的概率密度和分布函数;

(2) 设随机变量 $X \sim N(0,1)$. 其分布函数为 $\Phi(x)$ 求 $Y = \Phi(X)$ 的概率密度和分布函数.

2.6 随机变量的数字特征:数学期望、方差和高阶矩

节前导读:

在本节中主要引入两类数字特征——**数学期望**和**方差**. 围绕着这两类数字特征,将主要讨论:何谓数学期望. 如何计算数学期望?何谓方差,如何计算方差?数学期望和方差有什么用?

本章前5节我们都在讨论随机变量的分布,分布可以用来全面完整地描述该变量的概率性质. 但是,通过简明扼要的描述往往更方便. 例如,假设现有两个投资项目均需要投资 10 万元,一年后总收益(单位:万元)的概率分布分别为

$$项目一\begin{pmatrix} 20 & 0 \\ 0.6 & 0.4 \end{pmatrix} \qquad 项目二\begin{pmatrix} 16 & 10 & 0 \\ 0.5 & 0.4 & 0.1 \end{pmatrix}$$

请问应选择哪个项目?

直接根据分布回答上述问题不是很方便,这就需要我们引入新概念——随机变量的数字特征.

随机变量的**数字特征**,顾名思义,就是刻画该变量取值特征的数字,或者说,刻画该变量所服从分布某一方面特征的数字.

2.6.1　数学期望

1. 数学期望的概念

我们从一个简单的例子引入数学期望.

引例 2.6.1　甲、乙两个赌技相当的赌徒进行赌博,他们约定:谁先赢 3 局便算赢家,赢家获得全部赌本. 当甲赌徒获胜 2 局,乙赌徒获胜 1 局时,赌博因故终止,请问应如何分 100 元的总赌本?

解:令 X 表示若赌博能继续进行下去时甲的最终所得,则 X 为随机变量且其概率分布为(见表 2.6.1).

表　2.6.1

X	0	100
P	$\dfrac{1}{4}$	$\dfrac{3}{4}$

这时,甲可期望得到的赌本金额(单位:元)为

$$0 \times \frac{1}{4} + 100 \times \frac{3}{4} = 75.$$

这就是"数学期望"(简称期望)这个名词的历史由来. 将上述引例的做法推广就可以给出离散型随机变量数学期望的定义.

定义 2.6.1　设离散型随机变量 X 的概率分布为

$$p_i = P\{X = x_i\}, i = 1, 2, \cdots$$

若级数

$$\sum_{i=1}^{\infty} x_i p_i = x_1 p_1 + x_2 p_2 + \cdots + x_i p_i + \cdots \qquad (2.6.1)$$

绝对收敛,则将它的和称为 X 的**数学期望**,简称**期望**(expectation). 也称为**均值**(mean),记作 $E(X)$,也可记作 EX;若上述级数不绝对收敛,则称 X 的数学期望不存在.

例 2.6.1　设某路口一周内发生的交通事故数 $X \sim P(\lambda)$,求事故数 X 的数学期望 EX.

解:由题可知,事故数 X 的概率分布为

$$p_k = P\{X = k\} = \frac{\lambda^k}{k!} e^{-\lambda}, k = 0, 1, 2, \cdots.$$

于是,事故数 X 的数学期望为

$$EX = \sum_{k=0}^{\infty} k p_k = \sum_{k=1}^{\infty} k \frac{\lambda^k}{k!} e^{-\lambda} = \sum_{k=1}^{\infty} \frac{\lambda^k}{(k-1)!} e^{-\lambda}$$

$$= \lambda \left(\sum_{k=1}^{\infty} \frac{\lambda^{k-1}}{(k-1)!} e^{-\lambda} \right) = \lambda.$$

想一想　定义 2.6.1 中为什么必须要求级数 (2.6.1)绝对收敛?

这里给出了泊松分布参数 λ 的意义:随机变量的数学期望.

将定义 2.6.1 的概率分布替换为概率密度,并用积分代替级数求和,就可以给出连续型随机变量数学期望的定义.

定义 2.6.2 设连续型随机变量 X 的概率密度为 $f(x)$,则 X 的**数学期望** EX 定义为

$$EX = \int_{-\infty}^{+\infty} x f(x)\,\mathrm{d}x. \tag{2.6.2}$$

其中要求上述积分 (2.6.2) 绝对收敛,否则称 X 的数学期望不存在.

例 2.6.2 设随机变量 $X \sim N(0,1)$,求数学期望 EX.

解:由题可知,随机变量 X 的概率密度为

$$\varphi(x) = \frac{1}{\sqrt{2\pi}} \mathrm{e}^{-\frac{x^2}{2}}, x \in (-\infty, +\infty).$$

注意到:

$$\int_{-\infty}^{+\infty} |x| \varphi(x)\,\mathrm{d}x = \frac{2}{\sqrt{2\pi}} \int_0^{+\infty} x\mathrm{e}^{-\frac{x^2}{2}}\,\mathrm{d}x = \frac{2}{\sqrt{2\pi}} \int_0^{+\infty} \mathrm{e}^{-t}\,\mathrm{d}t = \frac{2}{\sqrt{2\pi}} < \infty,$$

所以,根据定义,随机变量 X 的数学期望存在,且其值为

$$EX = \int_{-\infty}^{+\infty} x\varphi(x)\,\mathrm{d}x = \frac{1}{\sqrt{2\pi}} \int_{-\infty}^{+\infty} x \cdot \mathrm{e}^{-\frac{x^2}{2}}\,\mathrm{d}x = 0.$$

想一想 随机变量是否一定存在数学期望? 例如,设连续型随机变量 X 的概率密度为

$$f(x) = \frac{1}{\pi} \cdot \frac{1}{1+x^2},$$
$$-\infty < x < +\infty.$$

讨论:随机变量 X 是否存在数学期望?

2. 数学期望的性质

下面我们讨论如何利用随机变量 X 的分布求其函数 $Y = g(X)$ 的数学期望以及数学期望的一些常用性质.

引例 2.6.2 设大学新生入学体检时身高的测量误差 X 的概率分布为(见表 2.6.2)

表 2.6.2

X	-2	-1	0	1	2
P	p_{-2}	p_{-1}	p_0	p_1	p_2

试求误差 X 的绝对值 $Y = |X|$ 的数学期望.

解:思路1 先求误差 X 的绝对值 Y 的概率分布,然后再根据定义求 Y 的数学期望,即

$$E(|X|) = 0 \times p_0 + 1 \times (p_{-1} + p_1) + 2 \times (p_{-2} + p_2).$$

思路2 利用函数关系 $Y = |X|$ 直接求 Y 的数学期望,即直接求 X 的所有可能取值的函数值的加权平均,其中权仍然为 X 在对应点取值的概率,即

$$E(|X|) = |-2| \times p_{-2} + |-1| \times p_{-1} + |0| \times p_0 + |1| \times p_1 + |2| \times p_2.$$

显而易见,两种计算思路的结果是一样的,且可以想象将其推广到一般的离散型情形结果也会是一样的. 再利用离散型与连续型的相似性,进而可以将其进一步推广到连续型的情形. 将这些想法严格表述出来就得到下列定理.

定理 2.6.1 设 X 是一个随机变量,$g(x)$ 是一个实值函数.

（1）若 X 为离散型随机变量，概率分布为

$$p_i = P\{X = x_i\}, i = 1, 2, \cdots$$

且级数 $\sum_{i=1}^{\infty} g(x_i)p_i$ 绝对收敛，则随机变量函数 $Y = g(X)$ 的数学期望存在，且为

$$EY = E[g(X)] = \sum_{i=1}^{\infty} g(x_i)p_i. \qquad (2.6.3)$$

（2）若 X 为连续型随机变量，概率密度为 $f(x)$，且积分 $\int_{-\infty}^{+\infty} g(x)f(x)\mathrm{d}x$ 绝对收敛，则随机变量函数 $Y = g(X)$ 的数学期望存在，且为

$$EY = E[g(X)] = \int_{-\infty}^{+\infty} g(x)f(x)\mathrm{d}x. \qquad (2.6.4)$$

定理 2.6.1 的证明超出了本书范围，我们仅需了解它的重要意义：本定理告诉我们可以直接利用 X 的分布来求随机变量函数 $Y = g(X)$ 的数学期望.

从定理 2.6.1 出发，利用级数和积分的性质，可以得到数学期望的下列性质：

推论　设 X 是一个随机变量，$g_1(x)$，$g_2(x)$ 为两个实值函数，若 $E[g_1(X)]$，$E[g_2(X)]$ 都存在. 则对任意实数 α_1 和 α_2，有

$$E[\alpha_1 g_1(X) + \alpha_2 g_2(X)] = \alpha_1 E[g_1(X)] + \alpha_2 E[g_2(X)]. \qquad (2.6.5)$$

特别地，若 X 的数学期望 EX 存在，则对任意实数 a 和 b，有

$$E(aX + b) = aEX + b. \qquad (2.6.6)$$

更特别地，对任意常数 C，有

$$E(C) = C.$$

例 2.6.3　设某路口一周内发生的交通事故数 $X \sim P(\lambda)$，求 $E[X(X-1)]$ 和 $E(X^2)$.

解：由题可知，交通事故数 X 的概率分布为

$$p_k = P\{X = k\} = \frac{\lambda^k}{k!}\mathrm{e}^{-\lambda}, k = 0, 1, 2, \cdots.$$

于是，所求的数学期望分别为

$$E[X(X-1)] = \sum_{k=0}^{\infty} k(k-1)p_k = \sum_{k=2}^{\infty} k(k-1)\frac{\lambda^k}{k!}\mathrm{e}^{-\lambda}$$

$$= \lambda^2 \left(\sum_{k=2}^{\infty} \frac{\lambda^{k-2}}{(k-2)!}\mathrm{e}^{-\lambda} \right) = \lambda^2$$

$$E(X^2) = E[X(X-1) + X] = E[X(X-1)] + EX = \lambda^2 + \lambda.$$

例 2.6.4　某商户估计其商品的月需求量 Q 服从区间 $[2000, 4000]$ 上的均匀分布（单位：件），每件商品当月卖出可获利 3 元而卖不出就会亏损 1 元. 请问该商户每月应该进多少货？

解：记 y 为每月进货量，R 为每月获利额（单位：元）. 则由题可知，每月获利额 R 与需求量 Q 的关系为

$$R = g(Q,y) = \begin{cases} 3y, & Q \geq y, \\ 4Q - y, & Q < y, \end{cases}$$

其中，$Q \sim U[2000,4000]$.

于是，对于给定的进货量 y，每月获利额 R 的期望为

$$\begin{aligned} ER &= \int_{-\infty}^{+\infty} g(q,y)f(q)\mathrm{d}q = \frac{1}{2000} \int_{2000}^{4000} g(q,y)\mathrm{d}q \\ &= \frac{1}{2000} \int_{y}^{4000} 3y\mathrm{d}x + \frac{1}{2000} \int_{2000}^{y} (4x - y)\mathrm{d}x \\ &= \frac{1}{1000}(7000y - y^2 - 4 \times 10^6). \end{aligned}$$

由此可知，为了使得每月获利额 R 的期望最大，该商户每月的最优进货量为

$$y^* = 3500.$$

2.6.2 方差

引例 2.6.3 现有两个投资项目均需要投资 10 万元，一年后总收益（单位：万元）的概率分布分别为

$$\text{项目一} \begin{pmatrix} 20 & 0 \\ 0.6 & 0.4 \end{pmatrix} \qquad \text{项目二} \begin{pmatrix} 16 & 10 & 0 \\ 0.5 & 0.4 & 0.1 \end{pmatrix}$$

请问应选择哪个项目？

分析：设两个项目一年后的总收益分别为 R_1 和 R_2，则它们的数学期望分别为

$$E(R_1) = 20 \times 0.6 + 0 \times 0.4 = 12;$$
$$E(R_2) = 16 \times 0.5 + 10 \times 0.4 + 0 \times 0.1 = 12.$$

这表明：从收益的期望，即预期收益方面看，两个项目没区别.

想一想 引例 2.6.3 中两个项目的投资风险一样吗？如何从数学角度刻画两个项目的风险？

定义 2.6.2 设 X 为一个随机变量，其数学期望 $E(X)$ 存在，则称 $X - E(X)$ 为 X 的**离差**（dispersion）. 进一步，若离差 $X - E(X)$ 的平方的数学期望也存在，则将其称为 X 的**方差**（variance），记作 $\mathrm{var}(X)$ 或 $D(X)$，也可记作 DX，即

$$DX = \mathrm{var}(X) = E(X - EX)^2. \tag{2.6.7}$$

并称 $\sqrt{DX}$ 为随机变量 X 的**标准差**（standard deviation）.

从定义可以看出，方差描述了随机变量对于其数学期望的偏离程度，其值越小说明随机变量对于期望的偏离程度越小. 因此，我们可以利用方差来刻画引例 2.6.3 中两个项目的投资风险.

继续分析引例 2.6.3，根据定义，两个项目一年后收益的方差分别为

$$DR_1 = E(R_1 - ER_1)^2 = (20 - 12)^2 \times 0.6 + (0 - 12)^2 \times 0.4 = 96;$$

$$DR_2 = E(R_2 - ER_2)^2 = (16-12)^2 \times 0.5 + (10-12)^2 \times$$
$$0.4 + (0-12)^2 \times 0.1 = 24.$$

从方差的角度来看,第二个项目的收益相对更稳定. 至于投资者应如何选择还要看其风险偏好.

由数学期望的性质可以得到方差的下列性质:

性质 1　　$DX = E(X^2) - (EX)^2.$ 　　　　　　　(2.6.8)

证明:$DX = E(X-EX)^2 = E[X^2 - 2X \cdot EX + (EX)^2]$
$$= E(X^2) - 2EX \cdot EX + (EX)^2 = E(X^2) - (EX)^2.$$

在方差的计算中,性质 1 甚至比定义更常用. 例如,在例 2.6.1 和例 2.6.3 中我们已经算得:若随机变量 $X \sim P(\lambda)$,则有
$$E(X) = \lambda, E(X^2) = \lambda^2 + \lambda.$$
于是,泊松分布的方差为
$$DX = E(X^2) - (EX)^2 = \lambda^2 + \lambda - \lambda^2 = \lambda.$$
这说明在泊松分布中参数 λ 既是数学期望也是方差,这是很有趣的性质.

再如,若随机变量 $X \sim N(0,1)$,则根据例 2.6.2,有
$$EX = 0.$$
再注意到,
$$E(X^2) = \int_{-\infty}^{+\infty} x^2 \cdot \varphi(x) \, dx = \frac{2}{\sqrt{2\pi}} \int_0^{+\infty} x^2 \cdot e^{-\frac{x^2}{2}} \, dx$$
$$= \frac{2}{\sqrt{2\pi}} \int_0^{+\infty} e^{-\frac{x^2}{2}} \, dx = 1.$$

于是,标准正态分布的方差为
$$DX = E(X^2) - (EX)^2 = 1 - 0 = 1.$$

性质 2　　对任意实数 a 和 b,有
$$D(aX+b) = a^2 DX.$$ 　　　　　　　(2.6.9)
特别地,常数的方差为 0,即对任意常数 C,有
$$D(C) = 0.$$

性质 2 的证明留作练习.

例 2.6.4　　设随机变量 X 的数学期望和方差存在且分别为 $EX = \mu, DX = \sigma^2.$ 令
$$Y = \frac{X-\mu}{\sigma},$$
则根据数学期望的性质可得 $EY = 0$,再根据上述方差的性质 2 可得 $DY = 1$. 即 Y 是一个期望为 0 方差为 1 的随机变量,常称为 X 的**标准化**.

例 2.6.5　　设随机变量 $X \sim N(\mu, \sigma^2)$,求证:$EX = \mu, DX = \sigma^2.$

解:根据正态分布的标准化定理(见定理2.4.1),有

$$X \sim N(\mu, \sigma^2) \Leftrightarrow Y = \frac{X - \mu}{\sigma} \sim N(0, 1).$$

注意到,

$$X = \sigma Y + \mu, EY = 0, DY = 1.$$

于是,再根据数学期望和方差的性质.有

$$EX = E(\sigma Y + \mu) = \sigma EY + \mu = \mu,$$
$$DX = D(\sigma Y + \mu) = \sigma^2 DY = \sigma^2.$$

由上例得到正态分布 $N(\mu, \sigma^2)$ 中两个参数的意义:μ 是分布的数学期望,σ^2 是方差,正态分布完全由期望和方差决定,故也常说"期望为 μ,方差为 σ^2 的正态分布".

为了便于后面的应用,下面直接列出了其他几个常用分布的数学期望和方差,其计算留作练习.

【二项分布】若随机变量 $X \sim B(n, p)$,则

$$EX = np, DX = np(1-p). \tag{2.6.10}$$

【几何分布】若随机变量 $X \sim G(p)$,则

$$EX = \frac{1}{p}, DX = \frac{1-p}{p^2}. \tag{2.6.11}$$

【均匀分布】若随机变量 $X \sim U[a, b]$,则

$$EX = \frac{a+b}{2}, DX = \frac{(b-a)^2}{12}. \tag{2.6.12}$$

【指数分布】若随机变量 $X \sim \mathrm{Exp}(\lambda)$,则

$$EX = \frac{1}{\lambda}, DX = \frac{1}{\lambda^2}. \tag{2.6.13}$$

2.6.3 切比雪夫不等式

由图2.6.1中可以直观地看出:随机变量 X 的方差 σ^2 越小,其取值集中在期望 μ 附近的概率越大.
将上述观察一般化,就可以得到切比雪夫(Chebyshev)不等式:

定理2.6.2 【切比雪夫不等式】 设随机变量 X 的数学期望 EX 和方差 DX 都存在,则对于任意正数 ε,有

$$P\{|X - EX| \geq \varepsilon\} \leq \frac{DX}{\varepsilon^2} \tag{2.6.14}$$

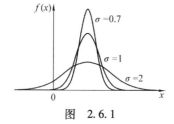

图 2.6.1

证明:这里只对连续型随机变量的情形来证明,离散型的情形留作练习.设随机变量 X 的概率密度为 $f(x)$,记 $EX = \mu, DX = \sigma^2$,则对于任意正数 ε,有

$$P\{|X - EX| \geq \varepsilon\} = \int_{|x-\mu| \geq \varepsilon} f(x)\,\mathrm{d}x \leq \int_{|x-\mu| \geq \varepsilon} \frac{(x-\mu)^2}{\varepsilon^2} f(x)\,\mathrm{d}x$$

$$\leq \frac{1}{\varepsilon^2} \int_{-\infty}^{+\infty} (x-a)^2 f(x)\,\mathrm{d}x = \frac{DX}{\varepsilon^2}.$$

切比雪夫不等式(2.6.14)也可以写成如下等价的形式:

$$P\{|X-EX|<\varepsilon\} \geqslant 1-\frac{DX}{\varepsilon^2} \qquad (2.6.15)$$

切比雪夫不等式给出了在随机变量的分布未知而仅知道数学期望 EX 和方差 DX 的情况下,估计概率 $P\{|X-EX|<\varepsilon\}$ 的下限的方法.

例 2.6.6　假设今年概率论与数理统计课程考试的平均成绩为 70 分,标准差为 10 分,现在从学习本课程的学生中任取一名学生,请问该生考试成绩在 50 分到 90 分之间的概率有多大.

解:令 X 表示该生今年的考试成绩,则由题意可知:

$$EX=70, DX=100.$$

于是,所要估计的概率为

$$P\{50 \leqslant X \leqslant 90\} = P\{|X-EX| \leqslant 20\} \geqslant 1-\frac{DX}{20^2} = 1-\frac{100}{20^2} = 0.75.$$

即该生考试成绩在 50 到 90 分之间的概率不小于 75%.

从切比雪夫不等式还可以看出,无论正数 ε 取何值,只要方差 DX 越小,事件 $\{|X-EX|<\varepsilon\}$ 的概率就越大. 特别地,我们可以得到下列推论:

推论　设随机变量 X 的数学期望 EX 和方差 DX 都存在,若方差 $DX=0$,则

$$P\{X=EX\}=1. \qquad (2.6.16)$$

在方差 DX 不为 0 时,切比雪夫不等式也可以写成如下等价的形式:

$$P\left\{\left|\frac{X-EX}{\sqrt{DX}}\right| \geqslant \varepsilon\right\} \leqslant \frac{1}{\varepsilon^2} \qquad (2.6.17)$$

或

$$P\left\{\left|\frac{X-EX}{\sqrt{DX}}\right| < \varepsilon\right\} \geqslant 1-\frac{1}{\varepsilon^2} \qquad (2.6.18)$$

将上式(2.6.18)中 ε 分别取 1,2,3 所得结果与 2.4 节中的正态分布的"3σ - 准则"相比,我们会发现利用切比雪夫不等式给出的估计是比较粗糙的.

练习 2.6

1. 计算下列常用分布的数学期望和方差,其中随机变量均为 X.

(1)区间 $[a,b]$ 上的均匀分布 $U[a,b]$;

(2)参数为 λ 的指数分布 $\mathrm{Exp}(\lambda)$;

(3)参数为 p 的几何分布 $G(p)$;

(4)参数为 n,p 的二项分布 $B(n,p)$.

2.（1）设随机变量 X 的分布函数为

$$F(x)=\begin{cases}0, & x<0\\ \dfrac{1}{3}, & 0\leqslant x<1,求\ EX,DX.\\ 1, & x\geqslant 1\end{cases}$$

（2）设随机变量 X 的分布函数为

$$F(x)=\begin{cases}0, & x<0\\ x^2, & 0\leqslant x<1,求\ EX,DX.\\ 1, & x\geqslant 1\end{cases}$$

3. 假设一部机器在一天内发生故障的概率为 0.2，机器发生故障时全天停止工作，若一周 5 个工作日里无故障，可获得利润 10 万元；发生一次故障仍可获得利润 5 万元；发生二次故障获得利润 0 元；发生三次或三次以上故障就要亏损 2 万元. 假设机器每天是否发生故障是相互独立的，求一周利润的期望值是多少？

4. 某公司生产的某品牌手机的寿命 X（以年计）服从指数分布，预计平均寿命 $EX=4$. 该公司规定：出售的手机在一年内因非人为原因损坏可予以调换，调换一部手机公司会亏损 300 元，若一年内无调换可赢利 100 元，试求该公司售出一部手机净赢利的期望值.

5. 设市场上存在两种资产，一种是无风险资产，其收益率为 R_0；另一种是风险资产，其收益率 R_1 的期望为 μ，方差为 σ^2.

（1）一位投资者投资于无风险资产的投资金额占总投资额的比例为 α，求该投资组合收益率的期望和标准差；

（2）在（1）中随着 α 的变化得到不同的投资组合，在均值和标准差为坐标轴的直角坐标系中用图形表示所有这些投资组合，并标出无风险资产、风险资产以及各以相等比例投资于两种资产的投资组合在图形中的位置.

6. 心理学家用某种准则对随机选取的几千对夫妇的婚姻满意度打分，打分的平均值为 30，标准差为 9，假设这一结果符合某地区夫妇的婚姻情况，现在从该地区随机选取一对夫妇，利用切比雪夫不等式估计这对夫妇的婚姻满意度分值在 3 分到 57 分之间的概率有多大？

7. 利用切比雪夫不等式求一枚均匀硬币需要抛掷多少次才能使得硬币正面出现的频率落在 0.4 到 0.6 之间的概率至少达到 0.9.

本章小结

本章详细讨论了随机变量，随机变量是定义在样本空间上的实值函数，其值随机（样本点）而定. 从本章及以后我们通常用随机变量描述随机现象和随机事件.

对于随机变量，重要的是要知道它的取值规律：取什么值以及以怎样的概率取这些值. 分布函数完整地描述了随机变量的取值规律,同时,分布函数具有良好的性质,便于利用微积分的工具进行分析,因此,分布函数是讨论一切随机变量的重要工具.

离散型随机变量与连续型随机变量是最重要的两类随机变量.由于它们的取值特点不同. 因此对它们的描述和处理方法也就不同:前者用概率分布,所用的数学工具主要是数列与级数;后者用概率密度,所用数学工具主要是函数与积分. 为了加深理解,应该对两者进行对比学习.

一种分布提供一个概率模型. 我们利用随机变量及其分布引入了常用的二项分布、几何分布、泊松分布、区间上的均匀分布、指数分布和正态分布. 其中. 二项分布、泊松分布和正态分布是概率论中最重要的三种分布,尤其是正态分布. 在理论和应用中都占有头等重要的地位.

数字特征是描述随机变量取值特征的有效工具. 它虽然不像分布那样完整地描述了随机变量. 但是它可以简明扼要地反映随机变量变化的一些重要特征. 最重要的数字特征是数学期望和方差,数学期望反映随机变量取值的平均水平,而方差反映随机变量取值与平均水平偏离的程度. 上面列举的常用分布都可以由数学期望和方差完全决定,期望和方差在实际中往往较易求得.

切比雪夫不等式是概率论中最重要的不等式. 它给出了仅利用数学期望和方差对随机变量的取值进行讨论的方法.

重要术语

随机变量　分布函数　离散型随机变量　概率分布　连续型随机变量　概率密度　随机变量的函数　二项分布　几何分布　泊松分布　区间上的均匀分布　指数分布　正态分布　无记忆性　数学期望　方差和标准差　随机变量的标准化　切比雪夫不等式

习题 2

1. 设甲袋中有两个白球 乙袋中有两个黑球,每次从各袋中任取一球交换后放入另一个袋中. 求交换 3 次后甲袋中白球数 X 的概率分布.

2. 设在伯努利概型中每次试验成功的概率为 p,记 X 为直到第 r 次成功为止的试验次数.

(1)证明: X 的概率分布为
$$p_k = P\{X = k\} = C_{r+k-1}^{k-1} p^r (1-p)^k, k = r, r+1, \cdots$$
$$(2.6.18)$$
上述分布通常称为负二项分布,记作 $Nb(r, p)$.

(2)证明: $EX = \dfrac{r}{p}, DX = \dfrac{r(1-p)}{p^2}$.

3. 设有 80 台同类型设备,各台设备工作是相互独立的,发生故障的概率都是 0.01,且一台设备的故障能由一个人处理. 考虑两种配备维修工人的方法,其一是由 4 人维护,每人负责 20 台;其二是由 3 人共同维护 80 台. 试比较这两种方法在设备发生故障时不能及时维修的概率的大小.

4. 在一个人数为 N 的群体中普查某种疾病,通常要抽取该群体所有人的血进行化验,第一种化验方法是将抽来的血逐一化验,这种方法就需要化验 N 次. 第二种化验方法是先将 k 个人的血混合在一起化验,若呈阴性,就表明这 k 个人都没问题;若呈阳性,则再对这 k 个人的血逐一化验. 讨论:第二种方法相对于第一种方法是否可以减少化验的次数,给出你的结论并详细说明理由.

5. 设 $f(x)$,$F(x)$ 分别为连续型随机变量 X 的概率密度函数和分布函数.

(1)若 $f(x)$ 关于 $x = \mu$ 对称,求证:对于任意实数 x. 有
$$F(\mu + x) + F(\mu - x) = 1;$$

(2)对于任意实数 $a > 0$,求证:
$$\int_{-\infty}^{+\infty} [F(x + a) - F(x)] \mathrm{d}x = a.$$

6. 某商场经统计发现顾客对某商品的日需求量 $X \sim N(\mu, \sigma^2)$,且日平均需求量 $\mu = 40$(件),日销量在 $30 \sim 50$ 件之间的概率为 0.5. 若进货不足,则每件损失利润 70 元,若进货过量则每件损失 100 元,求日最优进货量.

7. 某人持有一个股票期权,即他能在时刻 T 以固定价格 K 买入一个单位的股票(如果他愿意),该股票每单元现在的价格为 $S(0) = y$,未来时刻 T 的价格为 $S(T)$,假设 $S(T)/S(0)$ 服从参数为 $\mu = 0$,$\sigma^2 = T$ 的对数正态分布,求该期权在时刻 T 的价值的期望值.

8. 一个大型设备在任何长为 t 的时间内发生故障的次数 $N(t)$ 服从参数为 $t\lambda$ 的泊松分布.

(1)求相继两次故障之间时间间隔 T 的分布;

(2)求在设备已经无故障工作 8h 的情形下,再无故障运行 8h 的概率.

9. 设随机变量 X 服从参数为 λ 的指数分布,$Y = \min\{X, 2\}$.

(1)求 Y 的分布函数,并画出它的图形;

(2)判断 Y 是否为连续型随机变量,并说明理由.

10. 某人上班途中要经过一个交通指示灯,该灯有 80% 的时间亮红灯,他遇到红灯后的等待时间(以 s 计)服从区间 $[0,30]$ 上的均匀分布. 以 X 记他经过交通灯时的等待时间,求 X 的分布函数,判断 X 是否为连续型随机变量,并说明理由.

11. 设 X 是一个随机变量,C 是常数,若 $C \neq EX$,求证:$DX < E[(X - C)^2]$.

12. (1)设 X 是一个随机变量,$f(x)$ 是一个有界函数,求证:
$$[Ef(X)]^2 \leqslant E[f(X)]^2.$$

(2)设 $f(x)$ 是区间 $[a,b]$ 上的连续函数,求证:
$$\left[\int_a^b f(x) \mathrm{d}x\right]^2 \leqslant (b - a) \int_a^b f^2(x) \mathrm{d}x.$$

3

第3章
随机向量的分布与数字特征

3.1 随机向量的分布

节前导读：

本节将主要讨论：何谓随机向量，为何引入随机向量？何谓联合分布函数和边缘分布函数以及两者有什么关系？何谓离散型随机向量，何谓联合概率分布与边缘概率分布以及两者有什么关系？何谓连续型随机向量，何谓联合概率密度与边缘概率密度以及两者有什么关系？何谓二维均匀分布和正态分布等问题.

3.1.1 随机向量的分布函数

在有些随机现象中，试验结果不能只用一个随机变量来描述，而要用两个或两个以上的随机变量来描述. 例如，在军事领域要分析炮弹的命中率，就需要用两个随机变量(X, Y)一起来刻画炮弹落点的位置，如图3.1.1所示.

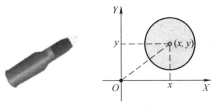

图 3.1.1

在一些理论和应用中，需要研究多个随机变量的关系. 例如，在商业分析中，要确定什么样的两种商品适合搭配在一起销售，例如，啤酒和婴儿尿布是否适合搭配销售（见图3.1.2），就需要引入两个随机变量(X, Y)同时记录两种商品的销售量，观察它们之间的关系.

无论是为了完整地描述随机现象，还是为了研究多个随机变量的关系，都需要将多个随机变量放在一起研究，这就引出了随机向量的概念.

图 3.1.2

定义3.1.1 定义在样本空间 Ω 上的 n 个随机变量 $X_1, X_2, \cdots, X_n$ 构成的有序组 $(X_1, X_2, \cdots, X_n)$ 称为一个 **n 维随机向量**,或称为一个 **n 维随机变量**.

特别地,如图 3.1.3 所示,定义在同一个样本空间 Ω 上的两个随机变量 X 和 Y 构成的有序组 (X, Y),称为一个**二维随机向量**,或称为一个**二维随机变量**.

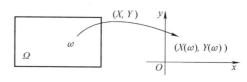

图 3.1.3

为了叙述和学习的方便,下面重点讨论二维随机向量.

类似于一维随机变量的分布函数,我们引入二维随机向量的分布函数.

定义3.1.2 设 (X, Y) 是二维随机向量,则称二元函数

$$F(x, y) = P\{X \leqslant x, Y \leqslant y\}, x, y \in (-\infty, +\infty) \quad (3.1.1)$$

为二维随机向量 (X, Y) 的**分布函数**或两个随机变量 X 与 Y 的**联合分布函数**(简称**联合分布**).

对于任意实数 x, y,分布函数 $F(x, y)$ 表示的是随机向量 (X, Y) 在如图 3.1.4 所示的阴影区域内取值的概率.

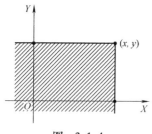

图 3.1.4

同一维情形类似,二维随机向量 (X, Y) 的分布函数 $F(x, y)$ 具有下列性质:

(1)**有界性** 对于任意实数 x, y,有 $0 \leqslant F(x, y) \leqslant 1$,且 $F(+\infty, +\infty) = 1$,

$$F(-\infty, -\infty) = F(-\infty, y) = F(x, -\infty) = 0.$$

(2)**单调性** 给定 y 后 $F(x, y)$ 对 x 是单调非降的;给定 x 后 $F(x, y)$ 对 y 是单调非降的;

(3)**连续性** 给定 y,$F(x, y)$ 对 x 是右连续的;给定 x,$F(x, y)$ 对 y 是右连续的;

(4)**非负性** 对于任意实数 $x_1 < x_2, y_1 < y_2$,有

$$F(x_2, y_2) - F(x_1, y_2) - F(x_2, y_1) + F(x_1, y_1) \geqslant 0.$$

$$(3.1.2)$$

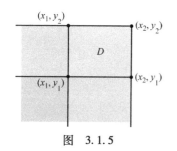

图 3.1.5

想一想 已知二维随机向量 (X, Y) 的分布函数 $F(x, y)$,是否可以确定它的两个分量 X, Y 各自的分布函数 $F_X(x), F_Y(y)$?

事实上,式(3.1.2)的左侧表示随机向量 (X, Y) 在如图 3.1.5 所示的阴影区域 D 的取值的概率. 即

$$P\{x_1 < X \leqslant x_2, y_1 < Y \leqslant y_2\} = F(x_2, y_2) - F(x_1, y_2)$$
$$- F(x_2, y_1) + F(x_1, y_1).$$

反过来,任意一个具有上述四条性质的二元函数都可作为某个二维随机向量的分布函数.

事实上,如图 3.1.6 所示,对于任意实数 x,有

$$F_X(x) = P\{X \leqslant x\} = P\{X \leqslant x, Y < +\infty\} \quad (3.1.3)$$
$$= \lim_{y \to +\infty} P\{X \leqslant x, Y \leqslant y\} = F(x, +\infty).$$

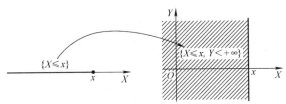

图　3.1.6

同理,对于任意实数 y,有

$$F_Y(y) = P\{Y \leqslant y\} = F(+\infty, y). \quad (3.1.4)$$

通常称分布函数 $F_X(x)$,$F_Y(y)$ 为**边缘分布函数**,简称**边缘分布**.

例 3.1.1　设两个随机变量 X,Y 的联合分布函数为

$$F(x,y) = \begin{cases} 1 - e^{-x} - e^{-y} + e^{-x-y-\rho xy}, & x \geqslant 0, y \geqslant 0, \\ 0, & \text{其他}. \end{cases}$$

其中,$0 \leqslant \rho < 1$ 是参数. 求边缘分布函数 $F_X(x)$,$F_Y(y)$.

解:根据式(3.1.3)对任意实数 x,有

$$F_X(x) = F(x, +\infty) = \lim_{y \to +\infty} F(x,y).$$

于是,当 $x < 0$ 时,

$$F_X(x) = \lim_{y \to +\infty} F(x,y) = 0;$$

当 $x \geqslant 0$ 时,

$$F_X(x) = \lim_{y \to +\infty} \left[1 - e^{-x} - e^{-y} + e^{-x-y-\rho xy}\right] = 1 - e^{-x}.$$

综上,$F_X(x) = \begin{cases} 1 - e^{-x}, & x \geqslant 0, \\ 0, & \text{其他}, \end{cases}$ 即 X 服从参数为 1 的指数分布.

同理可得,Y 也服从参数为 1 的指数分布.

如同一维情形一样,二维随机向量也有离散型与连续型两种类型,下面分别讨论它们.

1. 离散型随机向量的概率分布

类似于一维情形一样,如图 3.1.7 所示,若二维随机向量 (X,Y) 在平面上只有有限多个或可列无限多个可能的取值点,则称 (X,Y) 为**离散型随机向量**.

定义 3.1.3　设 (X,Y) 是二维离散型随机向量,其所有可能的取值点为 (x_i, y_j),$i,j = 1,2,\cdots$,令

$$p_{ij} = P\{X = x_i, Y = y_j\}, i,j = 1,2,\cdots \quad (3.1.5)$$

则称式(3.1.5)为 (X,Y) 的**概率分布**或两个随机变量 X 与 Y 的**联合概率分布**.

如同一维情形,二维随机向量 (X,Y) 的概率分布(3.1.5)也具

想一想　由边缘分布函数 $F_X(x)$,$F_Y(y)$ 是否可以确定联合分布函数 $F(x, y)$?

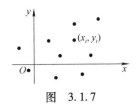

图　3.1.7

75

有下列两条性质:

(1) $$p_{ij} \geqslant 0, i,j = 1,2,\cdots;$$ (3.1.6)

(2) $$\sum_{i=1}^{\infty} \sum_{j=1}^{\infty} p_{ij} = 1.$$ (3.1.7)

二维随机向量(X,Y)的概率分布(3.1.5)也常常写成表3.1.1的形式.

表 3.1.1 联合概率分布表

X	Y			$p_{i\cdot}$
	y_1	y_2	$\cdots$	
x_1	p_{11}	p_{12}	$\cdots$	$p_{1\cdot}$
x_2	p_{21}	p_{22}	$\cdots$	$p_{2\cdot}$
$\vdots$	$\vdots$	$\vdots$		$\vdots$
$p_{\cdot j}$	$p_{\cdot 1}$	$p_{\cdot 2}$	$\cdots$	1

记

$$\sum_{j=1}^{\infty} p_{ij} = p_{i\cdot}, \quad \sum_{i=1}^{\infty} p_{ij} = p_{\cdot j},$$ (3.1.8)

则在表3.1.1中最右一列$\{p_{i\cdot},\,|\,i=1,2,\cdots\}$和最后一行$\{p_{\cdot j}\,|\,j=1,2,\cdots\}$分别是随机变量$X$与$Y$的概率分布.事实上,对于实数$x_i$,记

$$D_{x_i} = \{(x_i,y_j)\,|\,j=1,2,\cdots\}$$

根据随机事件相等的定义,有$\{X=x_i\} = \{(X,Y) \in D_{x_i}\}$,因而

$$p_i^X = P\{X=x_i\} = P\{(X,Y) \in D_{x_i}\} = \sum_{j=1}^{\infty} p_{ij} = p_{i\cdot},\, i=1,2,\cdots$$

(3.1.9)

再注意到$\sum_{i=1}^{\infty} p_{i\cdot} = \sum_{i=1}^{\infty}\sum_{j=1}^{\infty} p_{ij} = 1$. 这就证明表3.1.1中最右一列$\{p_{i\cdot}\,|\,i=1,2,\cdots\}$确实是$X$的概率分布.

同理,可以类似地论证关于随机变量Y的结论,即

$$p_j^Y = P\{Y=y_j\} = \sum_{j=1}^{\infty} p_{ij} = p_{\cdot j},\, j=1,2,\cdots$$ (3.1.10)

因为随机变量X与Y的概率分布出现在联合概率分布表3.1.1的边上,因而常常被形象地称为**边缘概率分布**.

如表3.1.1所示,给定二维离散型随机向量(X,Y)的概率分布$\{p_{ij}\,|\,i,j=1,2,\cdots\}$,则$(X,Y)$在平面上任意区域$D$内取值的概率为

$$P\{(X,Y) \in D\} = \sum_{(x_i,y_i) \in D} p_{ij}$$ (3.1.11)

例3.1.2 将两封信随机地投入3个邮筒中.令X与Y分别表示投入1号和2号邮筒中信的数目.试求

(1)X与Y的联合概率分布和边缘概率分布;

(2)1号和2号邮筒至少有一个空的概率.

解:(1)由题意可知,X与Y各自的可能取值均为0,1,2.且有

$$P\{X=0,Y=0\}=P\{X=0,Y=2\}=P\{X=2,Y=0\}=\frac{1}{3^2}=\frac{1}{9},$$

$$P\{X=1,Y=1\}=P\{X=1,Y=0\}=P\{X=0,Y=1\}=\frac{2}{3^2}=\frac{2}{9},$$

$$P\{X+Y>2\}=0.$$

于是,所求的联合概率分布和边缘概率分布为(见表 3.1.2).

表　3.1.2

X	Y			$p_i=P\{X=i\}$
	0	1	2	
0	$\frac{1}{9}$	$\frac{2}{9}$	$\frac{1}{9}$	$\frac{4}{9}$
1	$\frac{2}{9}$	$\frac{2}{9}$	0	$\frac{4}{9}$
2	$\frac{1}{9}$	0	0	$\frac{1}{9}$
$p_j=P\{Y=j\}$	$\frac{4}{9}$	$\frac{4}{9}$	$\frac{1}{9}$	1

其中关于 X 的边缘概率分布由联合概率分布的行和产生,关于 Y 的边缘概率分布由列和产生.

(2)如表 3.1.2 中阴影部分所示,

$$P\{XY\neq0\}=P\{X=1,Y=1\}=\frac{2}{9},$$

于是,1 号和 2 号邮筒至少有一个空的概率为

$$P\{XY=0\}=1-P\{XY\neq0\}=1-\frac{2}{9}=\frac{7}{9}.$$

从上例中可以直观地看出,二维随机向量 (X,Y) 是离散型当且仅当 X 与 Y 都是离散型,且由联合概率分布可以方便地确定边缘概率分布.

2. 连续型随机向量的概率密度

类似于一维情形,我们通过分布函数引入连续型随机向量及其概率密度.

定义 3.1.4　设二维随机向量 (X,Y) 的分布函数为 $F(x,y)$. 若存在非负可积的二元函数 $f(x,y)$. 使得对任意实数 x,y. 有

$$F(x,y)=\int_{-\infty}^{x}\int_{-\infty}^{y}f(u,v)\mathrm{d}u\mathrm{d}v \tag{3.1.12}$$

则称 (X,Y) 为**二维连续型随机向量**,并称函数 $f(x,y)$ 为 (X,Y) 的**概率密度函数**(简称**概率密度**)或两个随机变量 X 和 Y 的**联合概率密度**(简称**联合密度**).

如同一维情形,二维随机向量 (X,Y) 的概率密度 $f(x,y)$ 也具有下列两条性质:

(1)$f(x,y)\geqslant0$; \tag{3.1.13}

(2)$\int_{-\infty}^{+\infty}\int_{-\infty}^{+\infty}f(x,y)\mathrm{d}x\mathrm{d}y=1.$ \tag{3.1.14}

反过来,任意一个具有上述两条性质的二元函数 $f(x,y)$ 可以作为

想一想　由 X 与 Y 的边缘概率分布是否可以确定联合概率分布?请举例说明.

某个二维连续型随机向量的概率密度.

此外,二维随机向量(X,Y)的概率密度$f(x,y)$还具有性质:

(3)若$f(x,y)$在点(x,y)处连续. $F(x,y)$是相应的分布函数,则有

$$\frac{\partial^2 F(x,y)}{\partial x \partial y} = f(x,y).\tag{3.1.15}$$

(4)设D是平面上某一区域,则(X,Y)在D内取值的概率为

$$P\{(X,Y) \in D\} = \iint\limits_{D} f(x,y)\mathrm{d}x\mathrm{d}y.\tag{3.1.16}$$

特别地,由公式(3.1.16)可得随机变量X的分布函数为

$$F_X(x) = P\{X \leqslant x\} = P\{X \leqslant x, Y < +\infty\}$$

$$= \int_{-\infty}^{x} \int_{-\infty}^{+\infty} f(u,y)\mathrm{d}u\mathrm{d}y = \int_{-\infty}^{x} \left(\int_{-\infty}^{+\infty} f(u,y)\mathrm{d}y \right)\mathrm{d}u.$$

从而可知,X是连续型随机变量且相应的概率密度为

$$f_X(x) = \int_{-\infty}^{+\infty} f(x,y)\mathrm{d}y.\tag{3.1.17}$$

同理可知,Y是连续型随机变量且相应的概率密度为

$$f_Y(y) = \int_{-\infty}^{+\infty} f(x,y)\mathrm{d}x.\tag{3.1.18}$$

通常称X与Y各自的概率密度$f_X(x)$和$f_Y(y)$为**边缘概率密度**.

想一想 由X与Y的边缘概率密度是否可以确定它们的联合概率密度?

3.1.2 两个常用的二维连续型分布

1. 二维均匀分布

设G为平面上的一个有界区域,其面积记作$S(G)$. 若二维随机向量(X,Y)的概率密度为

$$f(x,y) = \begin{cases} \dfrac{1}{S(G)}, & (x,y) \in G, \\ 0, & \text{其他}. \end{cases}\tag{3.1.19}$$

则称(X,Y)服从区域G上的**均匀分布**.

区域G上的均匀分布是平面上的几何概型的严格化. 事实上,若(X,Y)服从区域G上的均匀分布. 则对任何平面区域D. 根据公式(3.1.16). 有

$$P\{(X,Y) \in D\} = \iint\limits_{D} f(x,y)\mathrm{d}x\mathrm{d}y = \iint\limits_{D \cap G} \frac{1}{S(G)}\mathrm{d}x\mathrm{d}y = \frac{S(D \cap G)}{S(G)}.$$

$$\tag{3.1.20}$$

其中,$S(D \cap G)$是区域$D \cap G$的面积,这一公式与平面上几何概型的概率计算公式是一样的.

例3.1.3 设二维随机向量(X,Y)服从区域$G = \{(x,y) \mid 0 \leqslant x \leqslant y \leqslant 1\}$上的均匀分布,求:

(1)(X,Y)的概率密度$f(x,y)$;

(2)边缘概率密度$f_X(x)$和$f_Y(y)$;

（3）概率 $P\{X+Y<1\}$.

解：（1）如图 3.1.8 所示，$G=\{(x,y)\mid 0\leqslant x\leqslant y\leqslant 1\}$ 为阴影部分三角形区域. 由此易知，(X,Y) 的概率密度为

$$f(x,y)=\begin{cases}\dfrac{1}{S(G)},&(x,y)\in G,\\0,&\text{其他},\end{cases}=\begin{cases}2,&0\leqslant x\leqslant y\leqslant 1,\\0,&\text{其他}.\end{cases}$$

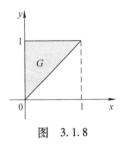

图　3.1.8

（2）所求边缘概率密度分别为

$$f_X(x)=\int_{-\infty}^{+\infty}f(x,y)\mathrm{d}y=\begin{cases}\displaystyle\int_x^1 2\mathrm{d}y,&0\leqslant x<1\\0,&\text{其他},\end{cases}$$

$$=\begin{cases}2(1-x),&0\leqslant x<1,\\0,&\text{其他},\end{cases}$$

$$f_Y(y)=\int_{-\infty}^{+\infty}f(x,y)\mathrm{d}x=\begin{cases}\displaystyle\int_0^y 2\mathrm{d}x,&0<y\leqslant 1\\0,&\text{其他},\end{cases}$$

$$=\begin{cases}2y,&0<y\leqslant 1,\\0,&\text{其他}.\end{cases}$$

（3）令 $D=\{(x,y)\mid x+y<1\}$，如图 3.1.9 所示，所求概率为

$$P\{X+Y<1\}=P\{(X,Y)\in D\}=\iint_D f(x,y)\mathrm{d}x\mathrm{d}y=\frac{S(D\cap G)}{S(G)}=\frac{1}{2}.$$

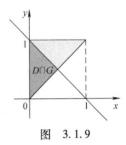

图　3.1.9

2. 二维正态分布

设二维随机向量 (X,Y) 的概率密度为

$$\varphi(x,y)=\frac{1}{2\pi\sigma_1\sigma_2\sqrt{1-\rho^2}}\mathrm{e}^{-\frac{1}{2(1-\rho^2)}\left[\frac{(x-\mu_1)^2}{\sigma_1^2}-2\rho\frac{(x-\mu_1)(y-\mu_2)}{\sigma_1\sigma_2}+\frac{(y-\mu_2)^2}{\sigma_2^2}\right]},$$

$$(3.1.21)$$

其中，$\mu_1,\mu_2,\sigma_1^2,\sigma_2^2,\rho$ 均为参数且 $\sigma_1>0,\sigma_2>0,|\rho|<1$，则称 (X,Y) 服从参数为 $(\mu_1,\mu_2;\sigma_1^2,\sigma_2^2;\rho)$ 的**二维正态分布**，记作 $(X,Y)\sim N(\mu_1,\mu_2;\sigma_1^2,\sigma_2^2;\rho)$（见图 3.1.10）.

图　3.1.10

例 3.1.4　设二维随机向量 $(X,Y)\sim N(0,0;1,1;\rho)$. 求边缘概率密度 $\varphi_X(x)$ 与 $\varphi_Y(y)$.

解：由题可知，(X,Y) 的概率密度为

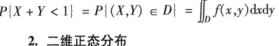

$$\varphi(x,y)=\frac{1}{2\pi\sqrt{1-\rho^2}}\mathrm{e}^{-\frac{1}{2(1-\rho^2)}(x^2-2\rho xy+y^2)},x,y\in(-\infty,+\infty).$$

于是，边缘概率密度 $\varphi_X(x)$ 为

$$\varphi_X(x) = \int_{-\infty}^{+\infty} \varphi(x,y)\mathrm{d}y = \int_{-\infty}^{+\infty} \frac{1}{2\pi\sqrt{1-\rho^2}} e^{-\frac{1}{2(1-\rho^2)}(x^2-2\rho xy+y^2)} \mathrm{d}y$$

$$= \frac{1}{\sqrt{2\pi}} e^{-\frac{x^2}{2}} \cdot \left(\frac{1}{\sqrt{2\pi}\sqrt{1-\rho^2}} \int_{-\infty}^{+\infty} e^{-\frac{(y-\rho x)^2}{2(1-\rho^2)}} \mathrm{d}y \right),$$

注意到我们将括号内的部分凑成了正态分布 $N(\rho x, 1-\rho^2)$ 的密度函数的积分，所以

$$\varphi_X(x) = \frac{1}{\sqrt{2\pi}} e^{-\frac{x^2}{2}}, x \in (-\infty, +\infty).$$

即 $X \sim N(0,1)$.

再由联合概率密度 $\varphi(x,y)$ 的对称性，可知 $Y \sim N(0,1)$. 即

$$\varphi_X(x) = \int_{-\infty}^{+\infty} \varphi(x,y)\mathrm{d}y = \frac{1}{\sqrt{2\pi}} e^{-\frac{y^2}{2}}.$$

综上，由 $(X,Y) \sim N(0,0;1,1;\rho)$ 得 $X \sim N(0,1)$，$Y \sim N(0,1)$.

一般地，通过类似的方法可得

定理 3.1.1　若二维随机向量 $(X,Y) \sim N(\mu_1,\mu_2;\sigma_1^2,\sigma_2^2;\rho)$.

则

$$X \sim N(\mu_1,\sigma_1^2), Y \sim N(\mu_2,\sigma_2^2). \tag{3.1.22}$$

这就是说二维正态分布的两个边缘分布都是一维正态分布.

想一想　两个边缘分布都是一维正态分布的二维随机向量是否一定服从二维正态分布？请试着举例说明.

练习 3.1

1. 设两个随机变量 X,Y 的联合分布函数为

$$F(x,y) = \begin{cases} x - xe^{-y}, & 0 \leq x \leq 1, y \geq 0, \\ 1 - e^{-y}, & x > 1, y \geq 0, \\ 0, & \text{其他}. \end{cases}$$

求:(1)边缘分布函数 $F_X(x)$，$F_Y(y)$;(2)$P\{0 \leq X \leq 1, 0 \leq Y \leq 1\}$.

2. 一个袋子内装有 5 个黑球和 3 个白球. 第一次从袋内任意取一个球. 取出后不再放回. 第二次又从袋内任意取两个球. X_i 表示第 i 次取到的白球数 $(i=1,2)$. 求:(1)(X_1,X_2) 的概率分布及边缘概率分布;(2)$P\{X_1=0, X_2 \neq 0\}$，$P\{X_1=X_2\}$，$P\{X_1X_2=0\}$.

3. 设随机变量 X_i 的概率分布为

$$X_i \sim \begin{pmatrix} -1 & 0 & 1 \\ \dfrac{1}{4} & \dfrac{1}{2} & \dfrac{1}{4} \end{pmatrix}, i = 1,2.$$

且 $P\{X_1X_2=0\}=1$，求 $P\{X_1=X_2\}$.

4. 举例说明由离散型随机向量 (X,Y) 的边缘概率分布不能确定联合概率分布.

5. 设二维连续型随机向量 (X,Y) 的概率密度为

$$f(x,y) = \begin{cases} k\mathrm{e}^{-(2x+y)}, & x > 0, y > 0, \\ 0, & \text{其他}. \end{cases}$$

求(1)常数 k 的值;

(2)边缘概率密度 $f_X(x)$ 与 $f_Y(y)$;

(3) $P\{(X,Y) \in D\}$,其中, $D = \{(x,y) \mid x+y < 1\}$.

6. 设二维随机向量 (X,Y) 服从区域 $G = \{(x,y) \mid 0 \leqslant y \leqslant x \leqslant 1\}$ 上的均匀分布,求(1) (X,Y) 的概率密度;(2)边缘概率密度 $f_X(x)$ 与 $f_Y(y)$.

7. 设随机变量 $X_i \sim U[0,4]$ $(i = 1,2)$ 且 $P\{X_1 \leqslant 3, X_2 \leqslant 3\} = \frac{5}{8}$,求 $P\{X_1 > 3, X_2 > 3\}$.

8. 设二维随机向量 (X,Y) 的概率密度为

$$f(x,y) = \frac{1}{2\pi} \mathrm{e}^{-\frac{x^2+y^2}{2}} (1 + \sin x \sin y), \quad -\infty < x, y < +\infty.$$

求边缘概率密度 $f_X(x)$ 与 $f_Y(y)$.

9. 举例说明由连续型随机向量 (X,Y) 的边缘概率密度不能确定联合概率密度.

3.2　随机变量的独立性与随机向量函数的分布

节前导读:

本节将主要讨论:何谓随机变量的独立性?如何判断随机变量相互独立?如何求随机向量函数的分布.尤其是如何求两个相互独立的随机变量的和的分布与最大值、最小值的分布?

3.2.1　随机变量的独立性

现在我们要利用第1章学习过的随机事件的独立性引入随机变量的独立性.设 X 与 Y 是两个随机变量,对于任意实数 x 和 y,两个随机事件 $\{X \leqslant x\}$ 和 $\{Y \leqslant y\}$ 相互独立的充分必要条件是

$$P\{X \leqslant x, Y \leqslant y\} = P\{X \leqslant x\} P\{Y \leqslant y\}. \qquad (3.2.1)$$

由此引入如下定义:

定义3.2.1　若两个随机变量 X 与 Y 的联合分布函数 $F(x,y)$ 与边缘分布函数 $F_X(x), F_Y(y)$ 满足:对任意实数 x, y,有

$$F(x,y) = F_X(x) F_Y(y) \qquad (3.2.2)$$

则称这两个随机变量 X 与 Y **相互独立**,简称**独立**.

当 (X,Y) 为二维离散型随机向量时,两个随机变量 X 与 Y 相互独立的条件(3.2.2)等价于:对于 (X,Y) 的任何一个可能的取值点 (x_i, y_j),都有

$$P\{X = x_i, Y = y_j\} = P\{X = x_i\} P\{Y = y_j\} \qquad (3.2.3)$$

当(X,Y)为二维连续型随机向量时,两个随机变量X与Y相互独立的条件$(3.2.2)$等价于:(X,Y)的联合概率密度$f(x,y)$和边缘概率密度$f_X(x)$,$f_Y(y)$满足

$$f(x,y) = f_X(x)f_Y(y) \tag{3.2.4}$$

综上,两个随机变量X与Y是相互独立的,从分布的角度,也就等价于它们的联合分布与边缘分布可以相互确定.

例 3.2.1 一部电梯载有2个人随机地停靠3个楼层,令X与Y分别表示第1个楼层和第2个楼层下的人数.试判断X与Y是否相互独立? 并说明理由.

解: 由题意可得,二维随机向量(X,Y)的概率分布为(见表3.2.1).

表 3.2.1

X	Y		
	0	1	2
0	$\frac{1}{9}$	$\frac{2}{9}$	$\frac{1}{9}$
1	$\frac{2}{9}$	$\frac{2}{9}$	0
2	$\frac{1}{9}$	0	0

观察上述联合概率分布表可知,X与Y不是相互独立的,这是因为在表中灰色标记的位置,有

$$P\{X=1,Y=2\} = 0 \neq P\{X=1\}P\{Y=2\} = \frac{4}{9} \cdot \frac{1}{9}.$$

例 3.2.2 设二维随机向量$(X,Y) \sim N(\mu_1,\mu_2;\sigma_1^2,\sigma_2^2;\rho)$,试求随机变量$X$与$Y$相互独立的条件.

解: 由定理3.1.1知

$(X,Y) \sim N(\mu_1,\mu_2;\sigma_1^2,\sigma_2^2;\rho) \Rightarrow X \sim N(\mu_1,\sigma_1^2), Y \sim N(\mu_2,\sigma_2^2)$.

即(X,Y)的联合概率密度和边缘概率密度分别为

$$\varphi(x,y) = \frac{1}{2\pi\sigma_1\sigma_2\sqrt{1-\rho^2}}e^{-\frac{1}{2(1-\rho^2)}\left[\frac{(x-\mu_1)^2}{\sigma_1^2} - 2\rho\frac{(x-\mu_1)(y-\mu_2)}{\sigma_1\sigma_2} + \frac{(y-\mu_2)^2}{\sigma_2^2}\right]},$$

$$\varphi_X(x) = \frac{1}{\sqrt{2\pi}\sigma_1}e^{-\frac{(x-\mu_1)^2}{2\sigma_1^2}}, \varphi_Y(y) = \frac{1}{\sqrt{2\pi}\sigma_2}e^{-\frac{(y-\mu_2)^2}{2\sigma_2^2}}.$$

于是,观察可得当且仅当参数$\rho = 0$,联合概率密度和边缘概率密度满足

$$\varphi(x,y) = \varphi_X(x)\varphi_Y(y).$$

所以,根据独立性的条件$(3.2.4)$,随机变量X与Y相互独立的充要条件是参数$\rho = 0$.

两个随机变量独立性的概念可以推广到n个随机变量的情形.

想一想 若二维随机向量(X,Y)服从平面区域G上的均匀分布.则随机变量X与Y相互独立的条件是什么?

定义 3.2.2 若n个随机变量$X_1,X_2,\cdots,X_n$的联合分布函数$F(x_1,x_2,\cdots,x_n)$与边缘分布函数$F_i(x_i)(i=1,2,\cdots,n)$满足:对任

意实数 $x_1,x_2,\cdots,x_n$,有
$$F(x_1,x_2,\cdots,x_n) = F_1(x_1)F_2(x_2)\cdots F_n(x_n) \quad (3.2.5)$$
则称 $X_1,X_2,\cdots,X_n$ 相互独立,简称独立.

3.2.2　随机向量函数的分布

在2.5节中已经讨论过随机变量函数的分布,本节接下来讨论随机向量函数的分布,我们只对几个具体的函数讨论,尤其是重点讨论两个相互独立的随机变量的和函数与最值函数.

1. 离散型随机向量的函数的分布

设 (X,Y) 是二维离散型随机向量,$g(x,y)$ 是二元实值函数,则 $Z = g(X,Y)$ 作为 (X,Y) 的函数是离散型随机变量,下面通过具体例子讨论如何求 $Z = g(X,Y)$ 的概率分布.

例 3.2.3　设二维离散型随机向量 (X,Y) 的概率分布由例3.2.1 中的表3.2.1 给出. 试求最大值 $M = \max\{X,Y\}$ 与最小值 $N = \min\{X,Y\}$ 的概率分布.

解:下面通过**表上作业法**求 $M = \max\{X,Y\}$ 的概率分布. 表上作业法分为三步:

第一步　写出 (X,Y) 的概率分布表,见表3.2.1;

第二步　如表3.2.2 所示,将 (X,Y) 的每一个可能取值点 (x_i,y_j) 的函数值 $\max\{x_i,y_j\}$ 写在概率分布表的对应框的右下角(如表中灰色数字);

表　3.2.2

X	Y		
	0	1	2
0	$\frac{1}{9}$ 0	$\frac{2}{9}$ 1	$\frac{1}{9}$ 2
1	$\frac{2}{9}$ 1	$\frac{2}{9}$ 1	0
2	$\frac{1}{9}$ 2	0	0

第三步　将表3.2.2 中函数值 $\max\{x_i,y_j\}$ 相同的项合并,即得 $M = \max\{X,Y\}$ 的概率分布为(见表3.2.3)

表　3.2.3

M	0	1	2
P	$\frac{1}{9}$	$\frac{2}{3}$	$\frac{2}{9}$

用完全类似的方法可得,最小值 $N = \min\{X,Y\}$ 的概率分布为(见表3.2.4).

表　3.2.4

N	0	1
P	$\frac{7}{9}$	$\frac{2}{9}$

例3.2.4 设 X 与 Y 是两个相互独立的随机变量,且分别服从参数为 λ_1 和 λ_2 的泊松分布,试求它们的和 $Z = X + Y$ 的概率分布.

解: 由题可知, $Z = X + Y$ 的全部可能取值为 $0,1,2,\cdots$,且如图 3.2.1 所示,对于任意非负整数 k,有

$$P\{X + Y = k\} = \sum_{i=0}^{k} P\{X = i, Y = k - i\}$$
$$= \sum_{i=0}^{k} P\{X = i\}P\{Y = k - i\}.$$

$$(3.2.6)$$

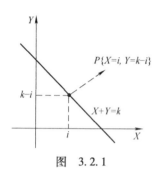

图 3.2.1

将参数为 λ_1 和 λ_2 的泊松分布代入式 (3.2.6),可得

$$P\{X + Y = k\} = \sum_{i=0}^{k} \frac{\lambda_1^i}{i!}e^{-\lambda_1} \cdot \frac{\lambda_2^{k-i}}{(k-i)!}e^{-\lambda_2}$$
$$= \frac{1}{k!}\left(\sum_{i=0}^{k} \frac{k!}{i!(k-i)!}\lambda_1^i \lambda_2^{k-i} \right)e^{-(\lambda_1 + \lambda_2)}.$$

由于上式括号内的量恰好等于 $(\lambda_1 + \lambda_2)^k$,所以

$$P\{Z = k\} = P\{X + Y = k\} = \frac{(\lambda_1 + \lambda_2)^k}{k!}e^{-(\lambda_1 + \lambda_2)}, k = 0,1,2,\cdots$$

这表明, $Z = X + Y$ 服从参数为 $\lambda_1 + \lambda_2$ 的泊松分布.

上例表明,两个相互独立的服从泊松分布的随机变量的和仍然服从泊松分布,这一性质通常称作**泊松分布具有可加性**.

一般地,通常称式(3.2.6)为离散形式的**卷积公式**,可以用来求两个相互独立的离散型随机变量的和.

类似于例3.2.4的方法,利用离散卷积公式(3.2.6)可以证明二项分布也具有可加性.

定理3.2.1 【二项分布的可加性】 设 $X \sim B(n,p)$, $Y \sim B(m,p)$,且 X 与 Y 相互独立,则

$$X + Y \sim B(n+m,p).$$

事实上,二项分布的可加性可以作出如下直观解释: X 可视为 n 次独立重复的伯努利试验成功的次数,而 Y 可视为 m 次独立重复的伯努利试验中同一事件成功的次数, X 与 Y 相互独立意味着 $X + Y$ 可视为 $n + m$ 次独立重复的伯努利试验中同一事件成功的次数,所以 $X + Y \sim B(n+m,p)$.

2. 连续型随机向量函数的分布

类似于离散情形,求两个相互独立的连续型随机变量的和的分布,也有如下连续形式的卷积公式.

例3.2.5 【卷积公式】 设 X 与 Y 是两个相互独立的连续型随机变量,且它们的概率密度分别为 $f_X(x)$, $f_Y(y)$,则它们的和 $Z = X + Y$ 也是连续型随机变量且其概率密度为

$$f_Z(z) = \int_{-\infty}^{+\infty} f_X(x)f_Y(z-x)\,\mathrm{d}x = \int_{-\infty}^{+\infty} f_X(z-y)f_Y(y)\,\mathrm{d}y.$$

$$(3.2.7)$$

通常称式(3.2.7)为连续形式的**卷积公式**.

证明: 因为 X 与 Y 是相互独立的, 所以它们的联合概率密度为

$$f(x,y) = f_X(x)f_Y(y).$$

于是, 对于任意实数 z, 记 $D_z = \{(x,y) \mid x+y \leqslant z\}$, 如图 3.2.2 的阴影部分所示,

则 $Z = X + Y$ 的分布函数为

$$\begin{aligned}
F_Z(z) &= P\{Z \leqslant z\} = P\{X+Y \leqslant z\} \\
&= \iint_{D_z} f_X(x)f_Y(y)\,\mathrm{d}x\mathrm{d}y \\
&= \int_{-\infty}^{+\infty}\left(\int_{-\infty}^{z-y} f_X(x)\,\mathrm{d}x\right)f_Y(y)\,\mathrm{d}y,
\end{aligned}$$

$$(3.2.8)$$

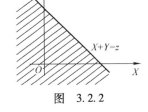

图　3.2.2

对上述积分作积分变量替换 $x = u - y$, 并交换积分次序, 可得

$$F_Z(z) = \int_{-\infty}^{z}\left(\int_{-\infty}^{+\infty} f_X(u-y)f_Y(y)\,\mathrm{d}y\right)\mathrm{d}u.$$

由此可知, $Z = X + Y$ 也是连续型随机变量且其概率密度为

$$f_Z(z) = \int_{-\infty}^{+\infty} f_X(z-y)f_Y(y)\,\mathrm{d}y.$$

同理, 在式(3.2.8)中改变积分次序可得

$$f_Z(z) = \int_{-\infty}^{+\infty} f_X(x)f_Y(z-x)\,\mathrm{d}x.$$

利用连续型的卷积公式(3.2.7)可得正态分布也具有可加性, 即

定理3.2.2　**【正态分布的可加性】**　设 $X \sim N(\mu_1, \sigma_1^2)$, $Y \sim N(\mu_2, \sigma_2^2)$, 且 X 与 Y 独立, 则

$$X + Y \sim N(\mu_1 + \mu_2, \sigma_1^2 + \sigma_2^2).$$

证明: 下面只对标准正态分布情形给出证明, 一般情形留作练习. 已知 X 与 Y 相互独立且概率密度分别是

$$\varphi_X(x) = \frac{1}{\sqrt{2\pi}}\mathrm{e}^{-\frac{x^2}{2}}, \quad -\infty < x < +\infty;$$

$$\varphi_Y(y) = \frac{1}{\sqrt{2\pi}}\mathrm{e}^{-\frac{y^2}{2}}, \quad -\infty < y < +\infty.$$

于是, 由卷积公式(3.2.7)得, $Z = X + Y$ 的概率密度为

$$\begin{aligned}
f_Z(z) &= \int_{-\infty}^{+\infty} f_X(x)f_Y(z-x)\,\mathrm{d}x = \frac{1}{2\pi}\int_{-\infty}^{+\infty}\mathrm{e}^{-\frac{x^2}{2}} \cdot \mathrm{e}^{-\frac{(z-x)^2}{2}}\,\mathrm{d}x \\
&= \frac{1}{2\pi}\int_{-\infty}^{+\infty}\mathrm{e}^{-\frac{x^2}{2}} \cdot \mathrm{e}^{-\frac{(z-x)^2}{2}}\,\mathrm{d}x \\
&= \frac{1}{\sqrt{2\pi}\cdot\sqrt{2}}\mathrm{e}^{-\frac{z^2}{4}}\left(\frac{\sqrt{2}}{\sqrt{2\pi}}\int_{-\infty}^{+\infty}\mathrm{e}^{-(x-\frac{z}{2})^2}\,\mathrm{d}x\right).
\end{aligned}$$

注意到我们将括号内部分凑成了正态分布 $N\left(\dfrac{z}{2}, \dfrac{1}{2}\right)$ 的概率密度的

积分,所以

$$f_Z(z) = = \frac{1}{\sqrt{2\pi} \cdot \sqrt{2}} e^{-\frac{z^2}{4}}, \quad -\infty < z < +\infty.$$

即 $Z = X + Y$ 服从正态分布 $N(0,2)$.

例3.2.6 设二维随机向量 $(X,Y) \sim N(4,2;3,1;0)$,求 $P\{X+Y<0\}$.

解: 由定理3.1.1和例3.2.2可知, $X \sim N(4,3)$, $Y \sim N(2,1)$,且 X 与 Y 相互独立. 所以,再由定理3.2.2可知

$$X + Y \sim N(6,4).$$

于是,利用正态分布的 3σ 准则,如图3.2.3所示,有

$$P\{X+Y<0\} = \Phi\left(\frac{0-6}{2}\right) = 1 - \Phi(3) = 0.0013.$$

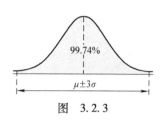

99.74%

$\mu \pm 3\sigma$

图 3.2.3

例3.2.7 【**最大值与最小值**】 设 X 与 Y 是两个相互独立的连续型随机变量,且它们的分布函数分别为 $F_X(x)$ 和 $F_Y(y)$,概率密度分别为 $f_X(x)$ 和 $f_Y(y)$,令

$$M = \max\{X,Y\}, \quad N = \min\{X,Y\}$$

分别求 M 与 N 的分布函数与概率密度.

解: M 与 N 的分布函数为

$$
\begin{aligned}
F_M(z) = P\{M \leqslant z\} &= P\{X \leqslant z, Y \leqslant z\} = P\{X \leqslant z\} P\{Y \leqslant z\} \\
&= F_X(z) F_Y(z).
\end{aligned}
\tag{3.2.9}
$$

$$
\begin{aligned}
F_N(z) = P\{N \leqslant z\} &= 1 - P\{N > z\} = 1 - P\{X > z, Y > z\} \\
&= 1 - P\{X > z\} P\{Y > z\} \\
&= 1 - [1 - F_X(z)][1 - F_Y(z)].
\end{aligned}
\tag{3.2.10}
$$

所以, M 与 N 的概率密度分别为

$$
\begin{aligned}
f_M(z) = F'_M(z) = F'_X(z) F_Y(z) + F_X(z) F'_Y(z) \\
= f_X(z) F_Y(z) + F_X(z) f_Y(z).
\end{aligned}
$$

$$
\begin{aligned}
f_N(z) = F'_N(z) = f_X(z)[1 - F_Y(z)] + f_Y(z) \\
[1 - F_X(z)].
\end{aligned}
$$

例3.2.8 设系统 L 由两个相互独立的子系统 L_1 与 L_2 串联而成,子系统的寿命 X 与 Y 均服从指数分布,且平均寿命 $EX = EY = 1000\text{h}$,求系统 L 的寿命 Z 能超过1000h的概率.

解: 由于系统 L 由子系统 L_1 与 L_2 串联而成,所以当 L_1 与 L_2 中有一个损坏时,系统 L 就停止工作,因而 L 的寿命为

$$Z = \min\{X,Y\}.$$

又已知 X 与 Y 均服从指数分布且 $EX = EY = 1000$,所以 X 与 Y 的分布函数分别为

$$F_X(x) = \begin{cases} 1 - e^{-\frac{x}{1000}}, & x \geqslant 0, \\ 0, & x < 0; \end{cases} \quad F_Y(y) = \begin{cases} 1 - e^{-\frac{y}{1000}}, & y \geqslant 0, \\ 0, & y < 0. \end{cases}$$

所以,由式(3.2.10)得 $Z = \min\{X,Y\}$ 的分布函数为

$$F_Z(z) = 1 - [1 - F_X(z)][1 - F_Y(z)] = \begin{cases} 1 - e^{-\frac{z}{500}}, & z \geq 0, \\ 0, & z < 0. \end{cases}$$

于是,系统 L 的寿命能超过1000h的概率为

$$P\{Z > 1000\} = 1 - F_Z(1000) = e^{-2} \approx 0.135.$$

练习3.2

1. 判断练习3.1的第1题中随机变量 X 与 Y 是否相互独立,并说明理由.

2. 设二维随机向量 (X, Y) 的概率分布和边缘概率分布为(见表3.2.5).

想一想 若在上述例3.2.8中将系统的连接方式改为并联,则系统寿命超过1000h 的概率有多大?与串联比是会变大还是变小?

表 3.2.5

X	Y			
	-1	0	1	p_i^x
0	p_{11}	p_{12}	p_{13}	$\frac{1}{2}$
1	0	p_{22}	0	$\frac{1}{2}$
p_j^Y	$\frac{1}{4}$	$\frac{1}{2}$	$\frac{1}{4}$	

(1)求 $p_{11}, p_{12}, p_{13}, p_{22}$ 的值;(2)判断 X 与 Y 是否相互独立,并说明理由.

3. 设随机变量 X 与 Y 相互独立,它们的联合概率分布和边缘概率分布如表3.2.6所示,试将其余概率值填入表中的空白处

表 3.2.6

X	Y			
	y_1	y_2	y_3	p_i^X
x_1		$\frac{1}{8}$		
x_2	$\frac{1}{8}$			
p_j^Y	$\frac{1}{6}$			

4. 设随机向量 (X, Y) 服从区域 G 上的均匀分布,其中, G 是由直线 $y = x - 1$. $y = x - 1, y = x + 1, x = 0, x = 2$ 围成的区域. 判断 X 与 Y 是否独立,并说明理由.

5. 设 $X \sim U[-1, 1], Y \sim N(0, 1)$,且 X 与 Y 相互独立,求 $P\{XY < 0\}$.

6. 设 (X, Y) 如练习3.2第2题所示,求:(1) $M = \max\{X, Y\}$, $N = \min\{X, Y\}$ 各自的概率分布;(2) (M, N) 的概率分布.

7. 独立投掷一枚均匀骰子两次,记 X, Y 分别为第一次和第二

次出现的点数,求:(1) $Z = X + Y$ 的概率分布;(2)一元二次方程 $t^2 + Xt + Y = 0$ 有实根的概率.

8. 设 $X \sim B(m,p)$, $Y \sim B(n,p)$,且 X 与 Y 相互独立,求证: $Z = X + Y \sim B(m+n,p)$.

9. 设二维随机向量 $(X,Y) \sim N(2,1;3,1;0)$,求 $P\{X > 2Y\}$.

10. 某型号芯片的寿命 ξ 服从指数分布,其平均寿命 $E\xi = 1000\text{h}$.(1)一个系统由 n 个该型号芯片并联组成,求该系统的寿命 X 的分布;(2)一个系统由 n 个该型号芯片串联组成,求该系统的寿命 Y 的分布.

3.3 随机向量的数字特征

节前导读:

本节将主要讨论:如何计算二维随机向量函数的数学期望? 在什么条件下随机变量和的期望等于期望的和,在什么条件下随机变量积的期望等于期望的积? 何谓协方差和相关系数? 它们有哪些性质? 有何用?

3.3.1 随机向量函数的数学期望

在2.6节中我们给出了直接利用一维随机变量 X 的分布求其函数 $Z = g(X)$ 的数学期望的计算公式,类似于一维情形,下面给出直接利用二维随机向量 (X,Y) 的分布求其函数 $Z = g(X,Y)$ 的数学期望的计算公式.

定理3.3.1 设 $Z = g(X,Y)$ 是二维随机向量 (X,Y) 的函数,且期望 $E(Z)$ 存在.

(1)若 (X,Y) 为离散型随机向量,其概率分布为
$$p_{ij} = P\{X = x_i, Y = y_j\}, i,j = 1,2,\cdots$$
则 $Z = g(X,Y)$ 的数学期望的计算公式为
$$E(Z) = E[g(X,Y)] = \sum_{j=1}^{\infty} \sum_{i=1}^{\infty} g(x_i, y_j) p_{ij}. \quad (3.3.1)$$

(2)若 (X,Y) 为连续型随机向量,其概率密度为 $f(x,y)$,则 $Z = g(X,Y)$ 的数学期望的计算公式为
$$E(Z) = E[g(X,Y)] = \int_{-\infty}^{+\infty} \int_{-\infty}^{+\infty} g(x,y) f(x,y) \,\mathrm{d}x\mathrm{d}y.$$

$$(3.3.2)$$

简单地说,离散型随机向量 (X,Y) 的函数 $Z = g(X,Y)$ 的数学期望就是 (X,Y) 的每一个可能取值点 (x_i, y_j) 的函数值 $g(x_i, y_j)$ 的加权平均,其中权仍然是 (X,Y) 在点 (x_i, y_j) 取值的概率 p_{ij};而连续型的情形就是用概率密度替代概率分布及相应地用积分代替求和.

历史上,先是统计学家广泛使用公式(3.3.1)和公式(3.3.2)以及一维情形的类似公式,而后才有概率学家给出严格的数学证明,由于无法确定首创者,为便于记忆,可姑且命名为**佚名统计学家公式**.

例 3.3.1　设二维随机向量(X,Y)服从区域$G = \{0 \leqslant x \leqslant y \leqslant 1\}$上的均匀分布,求$E(XY)$,$E(X)$,$E(Y)$.

解:由题可知,(X,Y)的概率密度为

$$f(x,y) = \begin{cases} 2, & (x,y) \in G, \\ 0, & 其他. \end{cases}$$

其中,区域G如图3.3.1阴影部分所示.

于是,令$g(X,Y) = XY$,由公式(3.3.2)可得

$$E(XY) = \int_{-\infty}^{+\infty} \int_{-\infty}^{+\infty} xy \cdot f(x,y)\mathrm{d}x\mathrm{d}y = \iint_G xy \cdot 2\mathrm{d}x\mathrm{d}y = \frac{1}{4}.$$

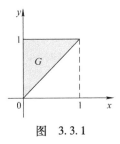

图　3.3.1

注意到,X本身也可以看作随机向量(X,Y)的函数,即令$g(X,Y) = X$,由公式(3.3.2)可得

$$E(X) = \int_{-\infty}^{+\infty} \int_{-\infty}^{+\infty} x \cdot f(x,y)\mathrm{d}x\mathrm{d}y = \iint_G x \cdot 2\mathrm{d}x\mathrm{d}y = \frac{1}{3}.$$

同理,令$g(X,Y) = Y$,由公式(3.3.2)可得

$$E(Y) = \int_{-\infty}^{+\infty} \int_{-\infty}^{+\infty} y \cdot f(x,y)\mathrm{d}x\mathrm{d}y = \iint_G y \cdot 2\mathrm{d}x\mathrm{d}y = \frac{2}{3}.$$

上例表明,二维随机向量(X,Y)的两个分量X,Y的期望也可以直接利用联合概率密度计算,无需再求出各自的边缘概率密度,即

$$E(X) = \int_{-\infty}^{+\infty} xf_X(x)\mathrm{d}x = \int_{-\infty}^{+\infty} \int_{-\infty}^{+\infty} x \cdot f(x,y)\mathrm{d}x\mathrm{d}y;$$

$$E(Y) = \int_{-\infty}^{+\infty} yf_Y(y)\mathrm{d}y = \int_{-\infty}^{+\infty} \int_{-\infty}^{+\infty} y \cdot f(x,y)\mathrm{d}x\mathrm{d}y.$$

3.3.2　数学期望和方差的进一步性质

在2.6节中曾给出了一个随机变量的数学期望和方差的性质,下面再给出三条性质,它们涉及多个随机变量的数学期望和方差.为了叙述简便,假设下面所涉及的数学期望和方差都存在.

性质1　对任意两个随机变量X,Y,有

$$E(X + Y) = EX + EY. \tag{3.3.3}$$

性质2　对任意两个相互独立的随机变量X,Y,有

$$E(XY) = EX \cdot EY. \tag{3.3.4}$$

性质1可以简单叙述为"**和的期望等于期望的和**".性质2可以简单叙述为"**独立随机变量积的期望等于期望的积**".下面只给出连续情形的证明,离散情形留作练习.

证明:设连续型随机向量(X,Y)的概率密度为$f(x,y)$,边缘概率密度为$f_X(x)$,$f_Y(y)$.

(1)在公式(3.3.2)中,令$g(X,Y) = X + Y$,则有

$$
\begin{aligned}
E(X + Y) &= \int_{-\infty}^{+\infty} \int_{-\infty}^{+\infty} (x + y) \cdot f(x,y) \, \mathrm{d}x \mathrm{d}y \\
&= \int_{-\infty}^{+\infty} \int_{-\infty}^{+\infty} x f(x,y) \, \mathrm{d}x \mathrm{d}y + \int_{-\infty}^{+\infty} \int_{-\infty}^{+\infty} y f(x,y) \, \mathrm{d}x \mathrm{d}y \\
&= E(X) + E(Y).
\end{aligned}
$$

(2)由X,Y相互独立可知.

$$
f(x,y) = f_X(x) f_Y(y).
$$

所以在公式(3.3.2)中,令$g(X,Y) = XY$,则有

$$
\begin{aligned}
E(XY) &= \int_{-\infty}^{+\infty} \int_{-\infty}^{+\infty} (xy) \cdot f(x,y) \, \mathrm{d}x \mathrm{d}y \\
&= \int_{-\infty}^{+\infty} \int_{-\infty}^{+\infty} (xy) \cdot f_X(x) f_Y(y) \, \mathrm{d}x \mathrm{d}y \\
&= \int_{-\infty}^{+\infty} x f_X(x) \, \mathrm{d}x \cdot \int_{-\infty}^{+\infty} y f_Y(y) \, \mathrm{d}y \\
&= E(X)E(Y).
\end{aligned}
$$

将上述两条性质结合可以得到关于方差的下列性质.

性质3 对任意两个相互独立的随机变量X,Y,有

$$
D(X + Y) = DX + DY. \tag{3.3.5}
$$

这一性质可以简单叙述为"**独立随机变量和的方差等于方差的和**".

证明:由X,Y相互独立可知

$$
E(XY) = EX \cdot EY.
$$

于是,

$$
\begin{aligned}
D(X + Y) &= E(X + Y)^2 - [E(X + Y)]^2 \\
&= E(X^2 + 2XY + Y^2) - [EX + EY]^2 \\
&= E(X^2) + 2E(XY) + E(Y^2) - [(EX)^2 + 2(EXEY) + (EY)^2] \\
&= E(X^2) - (EX)^2 + E(Y^2) - (EY)^2 + 2E(XY) - 2(EXEY) \\
&= DX + DY.
\end{aligned}
$$

上述三条性质都可以推广到n个随机变量的情形. 即,对于任意n个随机变量$X_1, X_2, \cdots, X_n$,有

$$
E(X_1 + X_2 + \cdots + X_n) = E(X_1) + E(X_2) + \cdots + E(X_n).
$$

$$
\tag{3.3.6}
$$

对于任意n个相互独立的随机变量$X_1, X_2, \cdots, X_n$,有

$$
E(X_1 X_2 \cdots X_n) = E(X_1) \cdot E(X_2) \cdot \cdots \cdot E(X_n). \tag{3.3.7}
$$

$$
D(X_1 + X_2 + \cdots + X_n) = D(X_1) + D(X_2) + \cdots + D(X_n).
$$

$$
\tag{3.3.8}
$$

作为上述性质的应用,下面我们再次讨论二项分布的数学期望和方差.

例3.3.2 设随机变量X服从二项分布$B(n,p)$,证明:

$$
E(X) = np, \quad D(X) = np(1 - p).
$$

证明:由二项分布的定义可知,随机变量 X 可以看作 n 重伯努利概型中试验成功的次数,且每次试验成功的概率为 p. 在 n 重伯努利概型中再引入

$$X_i = \begin{cases} 1, \text{第 } i \text{ 次试验成功,} \\ 0, \text{第 } i \text{ 次试验未成功,} \end{cases} i = 1, 2, \cdots, n.$$

显然,$X_1, X_2, \cdots, X_n$ 相互独立且均服从参数为 p 的 $0 - 1$ 分布 $B(1, p)$,且满足

$$X = X_1 + X_2 + \cdots + X_n.$$

因为 $0 - 1$ 分布 $B(1, p)$ 的概率分布为

$$P\{X_i = 0\} = 1 - p, P\{X_i = 1\} = p.$$

所以易得

$$E(X_i) = p, D(X_i) = pq, i = 1, 2, \cdots, n.$$

于是,由性质 1 得

$$EX = E(X_1 + X_2 + \cdots + X_n) = EX_1 + EX_2 + \cdots + EX_n = np.$$

又因为 $X_1, X_2, \cdots, X_n$ 相互独立,所以再由性质 3 得

$$DX = D(X_1 + X_2 + \cdots + X_n) = DX_1 + DX_2 + \cdots + DX_n = np(1 - p).$$

上例表明,当直接计算一个随机变量的数学期望和方差有困难时,可以考虑将其分解为若干个相对简单的随机变量的和,然后利用性质 1 和性质 3 分别求期望和方差. 这也是概率论中求期望和方差的常用方法,对于求数学期望尤其好用.

学以致用:投资组合选择理论

背景:美国经济学家 Harry M. Markowitz 因为在投资组合选择理论方面做出的开创性贡献与另外两位经济学共同分享了 1990 年的诺贝尔经济学奖.

问题:设想你是某社保基金的老总,手头有 1 亿资金,目前有两个项目进入你的考虑范围,为了便于叙述,假设两个项目的收益率构成的二维随机向量

$$(R_1, R_2) \sim N(0.14, 0.08; 0.20^2, 0.15^2; 0)$$

你希望投资的风险越小越好,请问你应如何在两个项目中分配资金?

思路:已知关于两个项目的收益率的信息为

$ER_1 = \mu_1, ER_2 = \mu_2, DR_1 = \sigma_1^2, DR_2 = \sigma_2^2$;且 R_1 与 R_2 相互独立.

第一步　构造投资组合,设在项目一和项目二上投资的资金比例分别为 ω 和 $1 - \omega$,则这一投资组合的收益率 R 为

$$R = g(R_1, R_2) = \omega R_1 + (1 - \omega) R_2.$$

第二步　计算投资组合的收益率 R 的数学期望 ER 和方差 DR.(注意到 R_1 与 R_2 独立)

$$ER = \omega ER_1 + (1 - \omega) ER_2, DR = \omega^2 DR_1 + (1 - \omega)^2 DR_2.$$

第三步 求出使投资组合的收益率 R 的方差 DR 最小的投资比例 ω^*. 即求解

$$\frac{\mathrm{d}DR}{\mathrm{d}\omega} = 2\omega DR_1 - 2(1-\omega)DR_2 = 0,$$

得 $\omega^* = \dfrac{DR_2}{DR_1 + DR_2}$, 如图 3.3.2 所示.

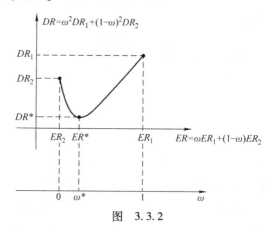

图 3.3.2

第四步 代入实际数据

$$\omega^* = \frac{DR_2}{DR_1 + DR_2} = \frac{0.15^2}{0.20^2 + 0.15^2} = \frac{9}{25}.$$

即风险最小的投资组合为在项目一上投 3600 万, 在项目二上投 6400 万.

想一想 对于不相互独立的两个随机变量,如何求它们和的方差?"和的方差"是否还等于"方差的和"?

3.3.3 协方差和相关系数

对于二维随机向量 (X,Y), 我们除了关心它的各个分量 X,Y 的分布和数字特征以外, 还希望知道各个分量之间的联系, 这个光靠 X,Y 各自的数学期望和方差是办不到的, 需要引入能反映它们联系的数字特征, 下面我们就来讨论这类数字特征.

我们已经发现当随机变量 (X,Y) 相互独立时,有

$$E(XY) = EX \cdot EY.$$

这等价于

$$E(X-EX)(Y-EY) = E(XY) - EX \cdot EY = 0. \qquad (3.3.9)$$

也就是说,当式(3.3.9)不成立时,随机变量 (X,Y) 一定不独立,也就是说式(3.3.9)最左边的数学期望反映了 X 与 Y 的某种联系,这启发我们引入下列定义.

定义 3.3.1 设 (X,Y) 为二维随机向量,EX 和 EY 都存在,若 $E(X-EX)(Y-EY)$ 存在, 则称其为随机变量 X 与 Y 的**协方差**(covariance),记作 $\mathrm{cov}(X,Y)$,即

$$\mathrm{cov}(X,Y) = E(X-EX)(Y-EY). \qquad (3.3.10)$$

根据上述式(3.3.9),协方差的计算可以简化为

$$\mathrm{cov}(X,Y) = E(XY) - EX \cdot EY. \qquad (3.3.11)$$

例 3.3.3 设二维离散型随机向量 (X,Y) 的概率分布为(见表 3.3.1).

表　3.3.1

X	Y			
	0	1	2	3
0	0	$\frac{3}{8}$	$\frac{3}{8}$	0
1	$\frac{1}{8}$	0	0	$\frac{1}{8}$

求 X 与 Y 的协方差 $\mathrm{cov}(X,Y)$.

解:注意到 XY, X 和 Y 都是随机向量 (X,Y) 的函数,所以由式 (3.3.1)可得

$$E(XY) = (0 \cdot 1) \times \frac{3}{8} + (0 \cdot 2) \times \frac{3}{8} + (1 \cdot 0) \times$$
$$\frac{1}{8} + (1 \cdot 3) \times \frac{1}{8} = \frac{1}{8},$$

$$E(X) = 0 \times \frac{3}{8} + 0 \times \frac{3}{8} + 1 \times \frac{1}{8} + 1 \times \frac{1}{8} = \frac{1}{4},$$

$$E(Y) = 1 \times \frac{3}{8} + 2 \times \frac{3}{8} + 0 \times \frac{1}{8} + 3 \times \frac{1}{8} = \frac{3}{2}.$$

于是,有

$$\mathrm{cov}(X,Y) = E(XY) - EX \cdot EY = \frac{3}{8} - \frac{1}{4} \cdot \frac{3}{2} = 0.$$

由协方差的定义,立即可以给出一般情形下的**方差求和公式**,即对任意两个随机变量 X, Y, 有

$$D(X+Y) = DX + DY + 2\mathrm{cov}(X,Y). \qquad (3.3.12)$$

事实上,

$$\begin{aligned}
D(X+Y) &= E[(X+Y) - E(X+Y)]^2 = E[(X-EX) + (Y-EY)]^2 \\
&= E[(X-EX)^2 + (Y-EY)^2 + 2(X-EX)(Y-EY)] \\
&= E(X-EX)^2 + E(Y-EY)^2 + 2E(X-EX)(Y-EY) \\
&= DX + DY + 2\mathrm{cov}(X,Y).
\end{aligned}$$

这个性质可以推广到 n 个随机变量的情形, 即

$$D\left(\sum_{i=1}^{n} X_i\right) = \sum_{i=1}^{n} DX_i + 2\sum_{1 \leqslant i < j \leqslant n} \mathrm{cov}(X_i, X_j). \qquad (3.3.13)$$

例 3.3.4 【配对问题】 有 n 个人各带一件礼品参加聚会,聚会前每人将自己的礼品放入一个箱子中,会后每人再从中随机选取一件带走,试求选中自己礼品的人数 X 的数学期望和方差.

解:令随机变量

$$X_i = \begin{cases} 1, & \text{第 } i \text{ 个人恰好取中自己礼品,} \\ 0, & \text{第 } i \text{ 个人未取中自己礼品,} \end{cases} i = 1, 2, \cdots, n.$$

由题可知,X_i 的概率分布为

$$P\{X_i = 0\} = 1 - \frac{1}{n}, P\{X_i = 1\} = \frac{1}{n}, i = 1, 2, \cdots, n.$$

因而 X_i 的数学期望和方差为

$$E(X_i) = \frac{1}{n}, D(X_i) = \frac{1}{n}\left(1 - \frac{1}{n}\right), i = 1, 2, \cdots, n.$$

显然,n 个人中选中自己礼品的人数 X 恰好为

$$X = X_1 + X_2 + \cdots + X_n.$$

所以 X 的数学期望为

$$EX = EX_1 + EX_2 + \cdots + EX_n = n \cdot \frac{1}{n} = 1.$$

另一方面,由题意可知,$X_1, X_2, \cdots, X_n$ 不是相互独立的,所以根据方差 DX 的求和公式(3.3.13),我们需要先计算协方差 $\text{cov}(X_i, X_j)$,为此考察 $X_i X_j$ 的含义:

$$X_i X_j = \begin{cases} 1, & \text{第 } i \text{ 和第 } j \text{ 个人都恰好取中自己礼品,} \\ 0, & \text{其他场合.} \end{cases}$$

由此可知

$$E(X_i X_j) = P\{X_i X_j = 1\} = P\{X_i = 1, X_j = 1\}$$
$$= P\{X_i = 1\} P\{X_j = 1 \mid X_i = 1\} = \frac{1}{n} \cdot \frac{1}{n-1}.$$

因而,有

$$\text{cov}(X_i, X_j) = E(X_i X_j) - EX_i \cdot EX_j = \frac{1}{n} \cdot \frac{1}{n-1} - \frac{1}{n} \cdot \frac{1}{n} = \frac{1}{n^2(n-1)}.$$

于是,所求的方差为

$$DX = \sum_{i=1}^{n} DX_i + 2 \sum_{1 \leq i < j \leq n} \text{cov}(X_i, X_j)$$
$$= n \cdot \frac{1}{n}\left(1 - \frac{1}{n}\right) + 2C_n^2 \cdot \frac{1}{n^2(n-1)} = 1.$$

综上,在配对问题中 n 个人中恰好选中自己礼品的人数的数学期望与方差均为 1,而与参与人数 n 无关.

由定义或计算公式(3.3.9)可得协方差的下列性质. 这些性质的验证比较简单,给读者留作练习.

定理3.3.2 假设下面所涉及的协方差和方差都存在,则

(1) $\text{cov}(X, X) = DX$;

(2) $\text{cov}(X, Y) = \text{cov}(Y, X)$;

(3) $\text{cov}(aX, bY) = ab\,\text{cov}(X, Y)$, a, b 为任意常数;

(4) $\text{cov}(X_1 + X_2, Y) = \text{cov}(X_1, Y) + \text{cov}(X_2, Y)$;

(5) $\text{cov}(X, C) = 0$; C 为任意常数;

(6) 当 X 与 Y 是相互独立的随机变量时,$\text{cov}(X, Y) = 0$.

上述定理 3.3.2 的性质(3)表明,协方差 $\text{cov}(X, Y)$ 的大小会受随机变量 X, Y 本身数值大小的影响,当 X 变为 aX 而 Y 变为 bY

时,协方差就变为 $ab\mathrm{cov}(X,Y)$,但是两个随机变量 X,Y 的实际联系应该不会受其本身数值大小的影响. 例如,当我们研究父子身高方面的遗传关系时,这种联系是不受身高的具体数值影响的. 为了克服这一缺点,我们引入下面的定义.

定义 3.3.2　设 (X,Y) 为二维随机向量,DX,DY 都存在且为正数,则称

$$\rho_{X,Y} = \frac{\mathrm{cov}(X,Y)}{\sqrt{DX} \cdot \sqrt{DY}} \tag{3.3.14}$$

为随机变量 X 与 Y 的**相关系数**(correlation coefficient).

例 3.3.5　设二维随机向量 (X,Y) 服从区域 $G = \{0 \leqslant x \leqslant y \leqslant 1\}$ 上的均匀分布,求 X 与 Y 的相关系数 $\rho_{X,Y}$.

解:由上述例 3.3.1 可知,(X,Y) 的概率密度为

$$f(x,y) = \begin{cases} 2, & (x,y) \in G, \\ 0, & \text{其他.} \end{cases}$$

其中,区域 G 如图 3.3.1 阴影部分所示. 且已算得

$$E(XY) = \frac{1}{4}, \quad EX = \frac{1}{3}, \quad EY = \frac{2}{3}.$$

再注意到 X^2 和 Y^2 都可以看作随机向量 (X,Y) 的函数, 所以由佚名统计学家公式(3.3.2), 可得

$$E(X^2) = \int_{-\infty}^{+\infty} \int_{-\infty}^{+\infty} x^2 \cdot f(x,y)\,\mathrm{d}x\mathrm{d}y = \iint_G x^2 \cdot 2\mathrm{d}x\mathrm{d}y = \frac{1}{6},$$

$$E(Y^2) = \int_{-\infty}^{+\infty} \int_{-\infty}^{+\infty} y^2 \cdot f(x,y)\,\mathrm{d}x\mathrm{d}y = \iint_G y^2 \cdot 2\mathrm{d}x\mathrm{d}y = \frac{1}{2}.$$

于是, 有

$$\mathrm{cov}(X,Y) = E(XY) - EX \cdot EY = \frac{1}{4} - \frac{1}{3} \times \frac{2}{3} = \frac{1}{36},$$

$$DX = E(X^2) - (EX)^2 = \frac{1}{6} - \frac{1}{9} = \frac{1}{18},$$

$$DY = E(Y^2) - (EY)^2 = \frac{1}{2} - \frac{4}{9} = \frac{1}{18}.$$

$$\rho_{X,Y} = \frac{\mathrm{cov}(X,Y)}{\sqrt{DX}\sqrt{DY}} = \frac{1}{36} \Big/ \sqrt{\frac{1}{18} \times \frac{1}{18}} = \frac{1}{2}.$$

这个例子表明,根据定义随机变量 X 与 Y 的相关系数 $\rho_{X,Y}$ 的计算最终归结为计算 $E(XY), E(X), E(Y), E(X^2), E(Y^2)$. 根据佚名统计学家公式,这些数学期望又都可以利用联合概率密度或联合概率分布直接计算.

下面讨论相关系数的性质. 两个随机变量 X 与 Y 的相关系数 $\rho_{X,Y}$ 是它们标准化后的协方差,即先将 X 与 Y 标准化为

$$X^* = \frac{X - EX}{\sqrt{DX}}, \quad Y^* = \frac{Y - EY}{\sqrt{DY}}.$$

则由协方差的性质易得

$$\mathrm{cov}(X^*, Y^*) = \frac{\mathrm{cov}(X,Y)}{\sqrt{DX} \cdot \sqrt{DY}} = \rho_{X,Y}.$$

因此,相关系数可以看作"标准化了的协方差",其优点是排除了随机变量自身数值大小变化的影响. 准确地说,相关系数在随机变量的线性变换下保持不变.

例 3.3.6 设 (X,Y) 为二维随机向量,a,b,c,d 为四个常数,令

$$U = aX + b, V = cY + d.$$

若 $ac > 0$,则 $\rho_{U,V} = \rho_{X,Y}.$

事实上,由协方差和方差的性质. 不难验算

$$\mathrm{cov}(U,V) = \mathrm{cov}(aX+b, cY+d) = ac\,\mathrm{cov}(X,Y),$$

$$DU = D(aX+b) = a^2 DX, DV = D(cY+d) = c^2 DY.$$

因此当 $ac > 0$ 时,

$$\rho_{U,V} = \frac{\mathrm{cov}(U,V)}{\sqrt{DU} \cdot \sqrt{DV}} = \frac{ac\,\mathrm{cov}(X,Y)}{|ac|\sqrt{DX} \cdot \sqrt{DY}} = \rho_{X,Y}.$$

**想一想** 相关系数可以用来描述两个随机变量间什么样的联系?

为了叙述方便,假设下面所涉及的数字特征都存在.

定理 3.3.3 设二维随机向量 (X,Y) 的两个分量 X 与 Y 的相关系数为 ρ,则有

(1) $|\rho| \leqslant 1$;

(2) $|\rho| = 1$ 的充分必要条件是存在常数 $a \neq 0, b$ 使得

$$P\{Y = aX + b\} = 1. \tag{3.3.15}$$

而且 $\rho = 1 \Leftrightarrow a > 0, \rho = -1 \Leftrightarrow a < 0.$

证明: 先考虑 X 与 Y 都是标准化随机变量的情形,即

$$EX = EY = 0, DX = DY = 1; \mathrm{cov}(X,Y) = \rho_{X,Y} = \rho.$$

令 $Z = Y - \rho X$,则 Z 的数学期望和方差分别为

$$EZ = E(Y - \rho X) = EY - \rho EX = 0,$$

$$DZ = D(Y - \rho X) = DY + \rho^2 DX - 2\rho\,\mathrm{cov}(Y,X) = 1 - \rho^2.$$

由此可知,$|\rho| \leqslant 1$;且由切比雪夫不等式的推论知. $|\rho| = 1$ 的充分必要条件是

$$P\{Z = Y - \rho X = 0\} = 1.$$

一般地,将 X 与 Y 标准化为

$$X^* = \frac{X - EX}{\sqrt{DX}}, Y^* = \frac{Y - EY}{\sqrt{DY}}. \tag{3.3.16}$$

则由例 3.3.5 知. $\rho_{X^*, Y^*} = \rho_{X,Y} = \rho$,因而根据上述讨论,有 $|\rho| \leqslant 1$;且 $|\rho| = 1$ 的充分必要条件是

$$P\{Y^* - \rho X^* = 0\} = 1.$$

将式 (3.3.16) 代入上式,即存在常数 $a = \dfrac{\sqrt{DY}}{\sqrt{DX}}\rho \neq 0, b = EY - aEX$,

使得

$$P\{Y = aX + b\} = 1.$$

而且 $\rho = 1 \Leftrightarrow a > 0, \rho = -1 \Leftrightarrow a < 0.$

从定理 3.3.3 的结论和证明中可以看出,两个随机变量的相关系数反映它们之间的线性相关性:相关系数的平方越接近 1,两者之间存在线性函数关系的程度越高;越接近 0,两者之间存在线性函数关系的程度越低.

特别地,若随机变量 X 与 Y 的相关系数 $\rho_{X,Y} = 0$,则称 X 与 Y **线性不相关**,简称**不相关**.

当随机变量 X 与 Y 的方差都存在且不为零时,则下列条件都是随机变量 X 与 Y 不相关的充分必要条件:

(1) $\mathrm{cov}(X, Y) = 0$;

(2) $EXY = EXEY$;

(3) $D(X + Y) = DX + DY.$

特别地,若随机变量 X 与 Y 相互独立,则 X 与 Y 一定不相关.但是,反之未必成立.

想一想　如何举例说明由两个随机变量不相关推不出两者独立.

练习 3.3

1. 设概率统计课程的一次考试由两次测验组成,以 X 与 Y 分别表示一名学生第一次和第二次测验的得分,X 与 Y 的联合概率分布为(见表 3.3.2).

表　3.3.2

X	Y		
	0	5	10
0	0.20	0.05	0.02
5	0.05	0.30	0.11
10	0.01	0.11	0.15

(1)若规定这次考试最终得分为 $Z = \max\{X, Y\}$,求 EZ.

(2)若规定这次考试最终得分为 $Z = \dfrac{1}{2}(X + Y)$,求 EZ.

2. (1) 在一次拍卖中,两人竞拍一幅名画,拍卖以暗标形式进行,并以最高价成交. 假设两人出价相互独立且均服从区间 $[1, 3]$ 上的均匀分布,求这幅画的期望成交价.

(2)甲、乙两人相约在 12:00 ~ 13:00 于某地会面,假设两人到达时间相互独立且均服从均匀分布,求先到者平均需要等待多长时间.

3. 一个袋子中有 20 张卡片,编号分别为 $1, 2, \cdots, 20$,从中有放回地抽出 10 张卡片,求所得号码之和 X 的数学期望 EX 和方差 DX.

4. 某城市一年内每天发生严重交通事故的次数 ξ 服从泊松分

布,且 $E\xi = \dfrac{1}{3}$. 以 X 表示该城市一年(按 365 天计算)内未发生严重交通事故的天数,求 EX.

5. 设二维随机向量 (X,Y) 的概率密度为

$$f(x,y) = \begin{cases} 8xy, & 0 \leqslant x \leqslant y \leqslant 1, \\ 0, & \text{其他}. \end{cases}$$

求协方差 $\text{cov}(X,Y)$ 和相关系数 $\rho_{X,Y}$.

6. 设 $(X,Y) \sim N(2,1;3,1;0)$,令 $U = X + Y, V = X - Y$,求 $\text{cov}(U,V)$ 和 $\rho_{U,V}$.

7. 设二维随机向量 (X,Y) 服从区域 $G = \{(x,y) \mid x^2 + y^2 \leqslant 1\}$ 上的均匀分布,

(1)判断 X 与 Y 是否相互独立,并说明理由;

(2)判断 X 与 Y 是否不相关,并说明理由.

8. 在金融投资中常用收益率 R 的方差 DR 来衡量证券的风险,方差 DR 为正的证券称为**风险证券**. 设两种风险证券的收益率分别为 R_1 和 R_2,记 $DR_1 = \sigma_1^2, DR_2 = \sigma_2^2, \rho_{R_1,R_2} = \rho$.

(1)若 $|\rho| \neq 1$,求证:这两种证券的任意投资组合必然也是风险证券;

(2)若 $|\rho| = 1$,讨论:能否构造无风险投资组合;若可以.给出相应的投资组合;

(3)讨论:当 ρ 满足什么条件时,能在不卖空的情况下得到比这两种证券的风险都小的投资组合.

3.4 条件分布与条件期望

节前导读:

本节将主要讨论:何谓随机变量的条件分布和条件期望? 如何求条件分布和条件期望? 条件分布和条件期望有何用?

3.4.1 随机变量的条件分布

顾名思义,随机变量的条件分布就是在给定条件下随机变量所服从的分布,是随机事件的条件概率的自然推广. 在生活中,当教师根据一个学生的微积分成绩 Y 预测该学生的概率统计的成绩 X 时,当警察根据犯罪嫌疑人的脚印长度 Y 推断其身高 X 时,这些都要用到在已知 Y 的取值的条件下 X 的条件分布. 下面分离散型和连续型两种情形对条件分布进行讨论.

1. 离散型随机变量的条件分布

设二维离散型随机向量 (X,Y) 的概率分布为

$$p_{ij} = P\{X = x_i, Y = y_j\}, i,j = 1,2,\cdots,$$

对于任意给定实数 y_j,若 $P\{Y = y_j\} > 0$,则称

$$p_{i|j} = P\{X = x_i \mid Y = y_j\}, i = 1,2,\cdots$$

为在已知 $Y = y_j$ 的条件下 X 的**条件概率分布**.

对称地,对于任意给定实数 x_i, 若 $P\{X = x_i\} > 0$,则称

$$p_{j|i} = P\{Y = y_j \mid X = x_i\}, j = 1, 2, \cdots$$

为在已知 $X = x_i$ 的条件下 Y 的**条件概率分布**.

由随机事件的条件概率公式,有

$$p_{i|j} = P\{X = x_i \mid Y = y_j\} = \frac{P\{X = x_i, Y = y_j\}}{P\{Y = y_j\}} = \frac{p_{ij}}{p_j^Y}, i = 1, 2, \cdots;$$

$$(3.4.1)$$

$$p_{j|i} = P\{Y = y_j \mid X = x_i\} = \frac{P\{X = x_i, Y = y_j\}}{P\{X = x_i\}} = \frac{p_{ij}}{p_i^X}, j = 1, 2, \cdots.$$

$$(3.4.2)$$

例 3.4.1　设两个离散型随机变量 X 和 Y 的联合概率分布为（见表 3.4.1）.

表　3.4.1

X	Y		
	0	1	2
0	$\frac{1}{9}$	$\frac{2}{9}$	$\frac{1}{9}$
1	$\frac{2}{9}$	$\frac{2}{9}$	0
2	$\frac{1}{9}$	0	0

求:(1) 在已知 $Y = 1$ 的条件下 X 的条件概率分布;

(2)在已知 $X = 0$ 的条件下 Y 的条件概率分布.

解:(1)由题可知,$P\{Y = 1\} = \frac{2}{9} + \frac{2}{9} = \frac{4}{9}$,所以由式(3.4.1)可得

$$P\{X = 0 \mid Y = 1\} = \frac{P\{X = 0, Y = 1\}}{P\{Y = 1\}} = \frac{\frac{2}{9}}{\frac{4}{9}} = \frac{1}{2},$$

$$P\{X = 1 \mid Y = 1\} = \frac{P\{X = 1, Y = 1\}}{P\{Y = 1\}} = \frac{\frac{2}{9}}{\frac{4}{9}} = \frac{1}{2},$$

$$P\{X = 2 \mid Y = 1\} = \frac{P\{X = 2, Y = 1\}}{P\{Y = 1\}} = \frac{0}{\frac{4}{9}} = 0,$$

即,在 $Y = 1$ 的条件下 X 的条件概率分布为(见表 3.4.2).

表　3.4.2

X	0	1
$P\{\cdot \mid Y = 1\}$	$\frac{1}{2}$	$\frac{1}{2}$

直观上，在 $Y=1$ 的条件下 X 的条件概率分布就是用联合分布表中 $Y=1$ 所在列的三个概率分别除以该列的列和得到. 更简单地说，就是按照 $Y=1$ 所在列的三个概率的比例重新分配概率"1".

（2）类似地，在联合概率分布表中，按照 $X=0$ 所在行的三个概率的比例重新分配概率"1"，可得在已知 $X=0$ 的条件下 Y 的条件概率分布为（见表 3.4.3）.

表　3.4.3

Y	0	1	2
$P\{\cdot \mid X=0\}$	$\dfrac{1}{4}$	$\dfrac{1}{2}$	$\dfrac{1}{4}$

2. 连续型随机变量的条件分布

设二维连续型随机向量 (X,Y) 的概率密度为 $f(x,y)$，边缘概率密度为 $f_X(x),f_Y(y)$. 对于任意给定实数 y，若 $f_Y(y)>0$，则在已知 $Y=y$ 的条件下 X 的**条件概率密度**记作 $f_{X\mid Y}(x\mid y)$. 对称地，对于任意给定实数 x，若 $f_X(x)>0$，则在已知 $X=x$ 的条件下 Y 的**条件概率密度**记作 $f_{Y\mid X}(y\mid x)$.

类似于离散型条件概率分布的计算公式（3.4.1）和式（3.4.2），连续型条件概率密度的计算公式为

$$f_{X\mid Y}(x\mid y)=\frac{f(x,y)}{f_Y(y)},x\in(-\infty,+\infty). \qquad (3.4.3)$$

$$f_{Y\mid X}(y\mid x)=\frac{f(x,y)}{f_X(x)},y\in(-\infty,+\infty). \qquad (3.4.4)$$

例 3.4.2　设二维随机向量 (X,Y) 服从区域 $G=\{(x,y)\mid 0\leqslant x\leqslant y\leqslant1\}$ 上的均匀分布，求条件概率密度 $f_{X\mid Y}(x\mid y)$ 和 $f_{Y\mid X}(y\mid x)$.

解：由例 3.1.3 知，(X,Y) 的概率密度及边缘概率密度分别为

$$f(x,y)=\begin{cases}2, & 0\leqslant x\leqslant y\leqslant1,\\ 0, & 其他.\end{cases}$$

$$f_X(x)=\begin{cases}2(1-x), & 0\leqslant x<1,\\ 0, & 其他;\end{cases}$$

$$f_Y(y)=\begin{cases}2y, & 0<y\leqslant1,\\ 0, & 其他.\end{cases}$$

于是，对给定的任意实数 $x(0\leqslant x<1)$，有（见图 3.4.1）

$$f_{Y\mid X}(y\mid x)=\frac{f(x,y)}{f_X(x)}=\begin{cases}\dfrac{2}{2(1-x)}, & x\leqslant y\leqslant1,\\ 0, & 其他.\end{cases}$$

$$=\begin{cases}\dfrac{1}{1-x}, & x\leqslant y\leqslant1,\\ 0, & 其他.\end{cases}$$

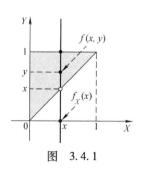

图　3.4.1

即在 $X=x$ 的条件下 Y 的条件分布为区间 $[x,1]$ 上的均匀分布.

同样，对给定的任意实数 $y(0<y\leqslant1)$，有

$$f_{X|Y}(x|y) = \frac{f(x,y)}{f_Y(y)} = \begin{cases} \dfrac{2}{2y}, & 0 \leqslant x \leqslant y, \\ 0, & \text{其他}, \end{cases} = \begin{cases} \dfrac{1}{y}, & 0 \leqslant x \leqslant y, \\ 0, & \text{其他}. \end{cases}$$

即在 $Y = y$ 的条件下 X 的条件分布为区间 $[0,y]$ 上的均匀分布.

类似于随机事件的条件概率与乘积公式的关系,对于二维连续型随机向量 (X,Y),公式(3.4.3)和公式(3.4.4)可以改写为

$$f(x,y) = f_Y(y)f_{X|Y}(x|y), x,y \in (-\infty, +\infty); \quad (3.4.5)$$

$$f(x,y) = f_X(x)f_{Y|X}(y|x), x,y \in (-\infty, +\infty). \quad (3.4.6)$$

即联合概率密度可以分解为边缘概率密度与相应的条件概率密度的乘积.

进一步,若已知 X 的边缘概率密度 $f_X(x)$ 以及在 X 给定下 Y 的条件概率密度 $f_{Y|X}(y|x)$,则有

$$f_Y(y) = \int_{-\infty}^{+\infty} f_X(x)f_{Y|X}(y|x)\mathrm{d}x, y \in (-\infty, +\infty); \quad (3.4.7)$$

$$f_{X|Y}(x|y) = \frac{f_X(x)f_{Y|X}(y|x)}{\int_{-\infty}^{+\infty} f_X(x)f_{Y|X}(y|x)\mathrm{d}x}, x \in (-\infty, +\infty). \quad (3.4.8)$$

这两个公式可分别看作**连续形式的全概率公式和贝叶斯公式**.

例 3.4.3　设随机变量 X 服从均匀分布 $U(0,1)$,且在已知 $X = x$ 的条件下随机变量 Y 的条件分布是 $U(x,1)$,求:

(1)联合概率密度 $f(x,y)$;

(2)边缘概率密度 $f_Y(y)$ 和条件概率密度 $f_{X|Y}(x|y)$.

解:由题意知,边缘概率密度 $f_X(x)$ 和条件概率密度 $f_{Y|X}(y|x)$ 分别为

$$f_X(x) = \begin{cases} 1, 0 < x < 1, \\ 0, \text{其他}; \end{cases} f_{Y|X}(y|x) = \begin{cases} \dfrac{1}{1-x}, & x < y < 1, \\ 0, & \text{其他}. \end{cases} (0 < x < 1)$$

于是,(1) 联合概率密度 $f(x,y)$ 为

$$f(x,y) = f_X(x)f_{Y|X}(y|x) = \begin{cases} \dfrac{1}{1-x}, & 0 < x < y < 1, \\ 0, & \text{其他}. \end{cases}$$

其大于零的区域如图 3.4.2 所示的阴影部分.

(2)边缘概率密度 $f_Y(y)$ 和条件概率密度 $f_{X|Y}(x|y)$ 分别为

$$f_Y(y) = \int_{-\infty}^{+\infty} f(x,y)\mathrm{d}x = \begin{cases} \int_0^y \dfrac{1}{1-x}\mathrm{d}x, & 0 < y < 1, \\ 0, & \text{其他}. \end{cases}$$

$$= \begin{cases} -\ln(1-y), & 0 < y < 1, \\ 0, & \text{其他}. \end{cases}$$

想一想　由二维随机向量 (X,Y) 的边缘分布和相应的条件分布是否可以确定联合分布?

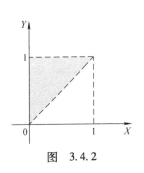

图 3.4.2

$$f_{X|Y}(x \mid y) = \frac{f(x,y)}{f_Y(y)}$$

$$= \begin{cases} \dfrac{1}{(x-1)\ln(1-y)}, & 0 < x < y, \\ 0, & \text{其他}. \end{cases} (0 < y < 1).$$

3.4.2 随机变量的条件期望

条件分布的数学期望称为**条件数学期望**,简称**条件期望**,下面分离散型与连续型两种情形给出具体的定义,为了叙述方便,假设下面所涉及的数学期望都存在.

定义3.4.1 (1)设(X,Y)是二维离散型随机向量,若在$Y = y_j$的条件下X的条件概率分布为

$$p_{i|j} = P\{X = x_i \mid Y = y_j\}, i = 1,2,\cdots$$

则在$Y = y_j$的条件下X的**条件期望**记作$E(X \mid Y = y_j)$,定义为

$$E(X \mid Y = y_j) = \sum_{i=1}^{\infty} x_i p_{i|j}. \tag{3.4.9}$$

(2)设(X,Y)是二维连续型随机向量,若在$Y = y$的条件下X的条件概率密度为$f_{X|Y}(x|y)$,则在$Y = y$的条件下X的**条件期望**记作$E(X \mid Y = y)$,定义为

$$E(X \mid Y = y) = \int_{-\infty}^{+\infty} x f_{Y|X}(y \mid x) \mathrm{d}x. \tag{3.4.10}$$

例3.4.4 设随机向量(X,Y)服从二维正态分布$N(0,0;1,1;\rho)$,求:

(1)条件概率密度$\varphi_{X|Y}(x|y)$和条件期望$E(X \mid Y = y)$;

(2)相关系数$\rho_{X,Y}$.

解:(1)由例3.1.4知,二维正态分布$N(0,0;1,1;\rho)$的边缘分布分别为$N(0,1)$与$N(0,1)$. 即联合密度$\varphi(x,y)$和边缘密度$\varphi_Y(y)$分别为

$$\varphi(x,y) = \frac{1}{2\pi\sqrt{1-\rho^2}} e^{-\frac{(x^2-2\rho xy+y^2)}{2(1-\rho^2)}}, x,y \in (-\infty, +\infty),$$

$$\varphi_Y(y) = \frac{1}{\sqrt{2\pi}} e^{-\frac{y^2}{2}}, y \in (-\infty, +\infty).$$

于是,有

$$\varphi_{X|Y}(x|y) = \frac{\varphi(x,y)}{\varphi_Y(y)} = \frac{1}{\sqrt{2\pi}\sqrt{1-\rho^2}} e^{-\frac{(x^2-2\rho xy+\rho^2 y^2)}{2(1-\rho^2)}}$$

$$= \frac{1}{\sqrt{2\pi}\sqrt{1-\rho^2}} e^{-\frac{(x-\rho y)^2}{2(1-\rho^2)}}, x \in (-\infty, +\infty).$$

即在$Y = y$的条件下X的条件分布为

$$N(\rho y, 1-\rho^2).$$

由此可知,
$$E(X\mid Y=y)=\rho y.$$

(2) 注意到 $EX=EY=0,DX=DY=1.$ 所以只需要再计算 $E(XY).$ 再注意到

$$\varphi(x,y)=\varphi_Y(y)\varphi_{X\mid Y}(x\mid y),x,y\in(-\infty,+\infty),$$

$$\int_{-\infty}^{+\infty}x\varphi_{X\mid Y}(x\mid y)\mathrm{d}x=E(X\mid Y=y)=\rho y.$$

于是,有

$$\begin{aligned}E(XY)&=\int_{-\infty}^{+\infty}\int_{-\infty}^{+\infty}xy\cdot\varphi_Y(y)\varphi_{X\mid Y}(x\mid y)\mathrm{d}x\mathrm{d}y\\&=\int_{-\infty}^{+\infty}y\left(\int_{-\infty}^{+\infty}x\varphi_{X\mid Y}(x\mid y)\mathrm{d}x\right)\varphi_Y(y)\mathrm{d}y\\&=\int_{-\infty}^{+\infty}y\cdot\rho y\varphi_Y(y)\mathrm{d}y=\rho E(Y^2)=\rho.\end{aligned}$$

所以,

$$\rho_{X,Y}=\frac{\mathrm{cov}(X,Y)}{\sqrt{DX}\sqrt{DY}}=\mathrm{cov}(X,Y)=E(XY)=\rho.$$

即二维正态分布 $N(0,0;1,1;\rho)$ 的第 5 个参数就是相关系数.

用完全相同的方法可得,

定理 3.4.1　设随机向量 $(X,Y)\sim N(\mu_1,\mu_2;\sigma_1^2,\sigma_2^2;\rho)$,则有

(1) X 与 Y 的相关系数 $\rho_{X,Y}=\rho$;

(2) 在 $Y=y$ 的条件下,X 的条件分布为

$$N\left(\mu_1+\rho\frac{\sigma_1}{\sigma_2}(y-\mu_2),\sigma_1^2(1-\rho^2)\right).\qquad(3.4.11)$$

因而,在 $Y=y$ 的条件下,X 的条件期望为

$$E(X\mid Y=y)=\mu_1+\rho\frac{\sigma_1}{\sigma_2}(y-\mu_2).\qquad(3.4.12)$$

类似全概率公式,下面我们引入利用条件期望 $E(X\mid Y=y)$ 计算无条件期望 $E(X)$ 的**全期望公式**.

在上例中可以看出,在 $Y=y$ 的条件下 X 的条件期望 $h(y)=E(X\mid Y=y)$ 是 y 的函数,因此,记 $E(X\mid Y)=h(Y)$, 则 $E(X\mid Y)$ 是随机变量 Y 的函数,称为随机变量 X(关于随机变量 Y)的**条件期望**.

例如,若 $(X,Y)\sim N(\mu_1,\mu_2;\sigma_1^2,\sigma_2^2;\rho)$,则随机变量 X 的条件期望为

$$E(X\mid Y)=\mu_1+\rho\frac{\sigma_1}{\sigma_2}(Y-\mu_2).$$

对上述条件期望 $E(X\mid Y)$ 再求期望,可得

$$E[E(X\mid Y)]=\mu_1+\rho\frac{\sigma_1}{\sigma_2}(EY-\mu_2)=\mu_1=EX.$$

这就是二维正态分布情形的全期望公式. 一般地,有

定理 3.4.2 【全期望公式】 条件期望 $E(X \mid Y)$ 的期望等于无条件期望 $E(X)$,即

$$E[E(X \mid Y)] = EX. \tag{3.4.13}$$

证明:我们仅对连续型的情形给出证明,对离散型的情形留作练习.

记 $h(y) = E(X \mid Y = y)$,则 $h(Y) = E(X \mid Y)$,从而有

$$
\begin{aligned}
E(X) &= \int_{-\infty}^{+\infty} \int_{-\infty}^{+\infty} x \cdot f(x,y) \, dx dy \\
&= \int_{-\infty}^{+\infty} \int_{-\infty}^{+\infty} x f_Y(y) f_{X \mid Y}(x \mid y) \, dx dy \\
&= \int_{-\infty}^{+\infty} \left(\int_{-\infty}^{+\infty} x f_{X \mid Y}(x \mid y) \, dx \right) f_Y(y) \, dy \\
&= \int_{-\infty}^{+\infty} h(y) f_Y(y) \, dy \\
&= E[h(Y)] = E[E(X \mid Y)].
\end{aligned}
$$

直观上,全期望公式(3.4.13)可以理解为,在直接计算无条件期望 $E(X)$ 有困难时,先找一个与 X 有关的随机变量 Y,计算条件期望 $E(X \mid Y = y)$,然后借助 Y 的分布再求一次期望. 例如,要计算全校学生的平均身高 $E(X)$,可先按照班级 $Y = y$ 求出每个班级的平均身高 $E(X \mid Y = y)$,然后再对各班的平均身高加权平均,其中权就是各班人数占全校人数的比例(即 Y 的分布).

例 3.4.5 一只蚂蚁被困在有三个出口的热锅内,沿第一个出口爬 3min 可达到安全地点,沿第二个出口爬 5min 后会回到原点,沿第三个出口爬 7min 也会回到原点. 假设蚂蚁在原点每次都是等可能地选定一个出口,试问该蚂蚁达到安全地点平均需用多长时间?

解:设 X 为该蚂蚁达到安全地点所需的时间,Y 为它所选的门,则由全期望公式(3.4.13)可得

$$EX = \sum_{k=1}^{3} E(X \mid Y = k) P\{Y = k\}.$$

其中,$P\{Y = k\} = \dfrac{1}{3}, k = 1, 2, 3$. 且由题意可知

$E(X \mid Y = 1) = 3, E(X \mid Y = 2) = 5 + EX, E(X \mid Y = 3) = 7 + EX.$

所以,有

$$EX = \frac{1}{3}(3 + 5 + EX + 7 + EX).$$

解得

$$EX = 15.$$

即该蚂蚁达到安全地点平均需用 15min.

练习 3.4

1. 表 3.4.4 整理了概率统计课程一次考试的数据,引入随机

变量

表　3.4.4

性别	成绩		
	及格	不及格	总计
男	60	9	69
女	140	12	152
总计	200	21	221

$$X = \begin{cases} 1, \text{学生为男生}, \\ 0, \text{学生为女生}. \end{cases} \qquad Y = \begin{cases} 1, \text{学生及格}, \\ 0, \text{学生不及格}. \end{cases}$$

(1)求在已知 $X = 1$ 的条件下 Y 的条件概率分布,并说明其实际含义;

(2)求在已知 $Y = 0$ 的条件下 X 的条件概率分布,并说明其实际含义;

(3)讨论在本次考试中男女是否有区别,给出结论并说明理由.

2. 设二维随机向量如练习 3.3 第 1 题所示.

(1)求条件期望 $E(Y \mid X = k)$, $k = 0, 5, 10$;

(2)试着讨论两次测验成绩之间是否有明确的联系,并说明理由.

3. 以 X 与 Y 分别表示某推销员一天花费在交通上的款项和当天所得的交通补贴,假设 (X, Y) 的概率密度为

$$f(x, y) = \begin{cases} \dfrac{1}{25} \left(\dfrac{20 - x}{x} \right), & 10 \leqslant x \leqslant 20, \dfrac{x}{2} \leqslant y \leqslant x, \\ 0, & \text{其他}. \end{cases}$$

(1)求条件概率密度 $f_{Y \mid X}(y \mid x)$;

(2)求条件概率 $P\{Y \geqslant 8 \mid X = 12\}$.

4. 设二维随机向量 (X, Y) 服从区域 $G = \{(x, y) \mid x^2 + y^2 \leqslant 2x\}$ 上的均匀分布,求:

(1)条件概率密度 $f_{X \mid Y}(x \mid y)$ 与 $f_{Y \mid X}(y \mid x)$;

(2)条件期望 $E[X \mid Y]$ 与 $E[Y \mid X]$.

5. 以 X 与 Y 分别表示一个传染性病毒感染者在隔离前接触的人数和接触者中被其感染的人数,假设 $X \sim P(\lambda)$. 每个接触者被感染的概率为 p 且接触者是否被感染相互独立,求 Y 的分布和期望 EY.

6. 两种资产在一个给定时期的收益率分别为 R_1, R_2 均为随机变量,已知

$$(R_1, R_2) \sim N(0.14, 0.08; 0.20^2, 0.15^2; 0.5).$$

一人准备将一笔资金按 $\alpha : 1 - \alpha$ 的比例投到两种资产上形成一个投资组合 P. 投资组合 P 的收益率记为 R_P. 求:

（1）若 $\alpha = \dfrac{1}{3}$，求 $E(R_P)$ 和 $D(R_P)$；

（2）在不允许卖空的情况下（即 $0 \le \alpha \le 1$），求 α 为何值时，R_P 的方差最小，并求出与最小方差和对应的期望值.

定理 3.4.1 的证明

（1）在 3.1 节中已说明，二维正态分布 $N(\mu_1, \mu_2; \sigma_1^2, \sigma_2^2; \rho)$ 的边缘分布分别为 $N(\mu_1, \sigma_1^2)$ 与 $N(\mu_2, \sigma_2^2)$. 即 (X, Y) 的联合密度 $\varphi(x, y)$ 和边缘密度 $\varphi_Y(y)$ 分别为

$$\varphi(x, y) = \frac{1}{2\pi\sigma_1\sigma_2\sqrt{1-\rho^2}} e^{-\frac{1}{2(1-\rho^2)}\left[\frac{(x-\mu_1)^2}{\sigma_1^2} - 2\rho\frac{(x-\mu_1)(y-\mu_2)}{\sigma_1\sigma_2} + \frac{(y-\mu_2)^2}{\sigma_2^2}\right]},$$
$$x, y \in (-\infty, +\infty),$$
$$\varphi_Y(y) = \frac{1}{\sqrt{2\pi}\sigma_2} e^{-\frac{(y-\mu_2)^2}{2\sigma_2^2}}, y \in (-\infty, +\infty).$$

于是，有

$$\varphi_{X|Y}(x|y) = \frac{\varphi(x, y)}{\varphi_Y(y)} = \frac{1}{\sqrt{2\pi}\sigma_1\sqrt{1-\rho^2}}$$
$$e^{-\frac{1}{2(1-\rho^2)}\left[\frac{(x-\mu_1)^2}{\sigma_1^2} - 2\rho\frac{(x-\mu_1)(y-\mu_2)}{\sigma_1\sigma_2} + \frac{(y-\mu_2)^2}{\sigma_2^2}\right]}$$

注意到，

$$\frac{1}{2(1-\rho^2)}\left[\frac{(x-\mu_1)^2}{\sigma_1^2} - 2\rho\frac{(x-\mu_1)(y-\mu_2)}{\sigma_1\sigma_2} + \rho^2\frac{(y-\mu_2)^2}{\sigma_2^2}\right]$$
$$= \frac{1}{2\sigma_1^2(1-\rho^2)}\left[x - \left(\mu_1 + \rho\frac{\sigma_1}{\sigma_2}(y-\mu_2)\right)\right]^2$$

所以，

$$\varphi_{X|Y}(x|y) = \frac{1}{\sqrt{2\pi}\sigma_1\sqrt{1-\rho^2}} e^{-\frac{1}{2\sigma_1^2(1-\rho^2)}\left[x - \left(\mu_1 + \rho\frac{\sigma_1}{\sigma_2}(y-\mu_2)\right)\right]^2},$$
$$x \in (-\infty, +\infty).$$

即在 $Y = y$ 的条件下 X 的条件分布为

$$N\left(\mu_1 + \rho\frac{\sigma_1}{\sigma_2}(y-\mu_2), \sigma_1^2(1-\rho^2)\right).$$

由此可知，

$$E(X|Y=y) = \mu_1 + \rho\frac{\sigma_1}{\sigma_2}(y-\mu_2).$$

（2）因为 (X,Y) 的边缘分布分别为 $N(\mu_1, \sigma_1^2)$ 与 $N(\mu_2, \sigma_2^2)$，所以
$$EX = \mu_1, DX = \sigma_1^2; EY = \mu_2, DY = \sigma_2^2.$$

我们只需要再计算 $E(XY)$. 记 $g(y) = \mu_1 + \rho\dfrac{\sigma_1}{\sigma_2}(y-\mu_2)$，注意到，
$$\varphi(x, y) = \varphi_Y(y)\varphi_{X|Y}(x|y), x, y \in (-\infty, +\infty),$$
$$\int_{-\infty}^{+\infty} x\varphi_{X|Y}(x|y)\mathrm{d}x = E(X|Y=y) = g(y),$$

$$E\left[\mu_2 g(Y)\right] = E\left[\mu_2\mu_1 + \mu_2\rho\frac{\sigma_1}{\sigma_2}(Y - \mu_2)\right] = \mu_2\mu_1,$$

$$E\left[(Y - \mu_2)g(Y)\right] = E\left[\mu_1(Y - \mu_2) + \rho\frac{\sigma_1}{\sigma_2}(Y - \mu_2)^2\right] = \rho\sigma_1\sigma_2,$$

于是,有

$$E(XY) = \int_{-\infty}^{+\infty}\int_{-\infty}^{+\infty} xy \cdot \varphi_Y(y)\varphi_{X|Y}(x \mid y)\mathrm{d}x\mathrm{d}y$$

$$= \int_{-\infty}^{+\infty} y\varphi_Y(y)\left(\int_{-\infty}^{+\infty} x\varphi_{X|Y}(x \mid y)\mathrm{d}x\right)\mathrm{d}y$$

$$= \int_{-\infty}^{+\infty} yg(y)\varphi_Y(y)\mathrm{d}y = E\left[Yg(Y)\right]$$

$$= E\left[(Y - \mu_2) + \mu_2 g(Y)\right] = \rho\sigma_1\sigma_2 + \mu_2\mu_1.$$

所以

$$\mathrm{cov}(X,Y) = E(XY) - (EX) \cdot (EY) = \rho\sigma_1\sigma_2,$$

$$\rho_{X,Y} = \frac{\mathrm{cov}(X,Y)}{\sqrt{DX}\sqrt{DY}} = \rho.$$

即二维正态分布 $N(\mu_1,\mu_2;\sigma_1^2,\sigma_2^2;\rho)$ 的第 5 个参数就是相关系数.

3.5　大数定律与中心极限定理

节前导读:

　　本节将主要讨论:何谓伯努利大数定律、切比雪夫大数定律和辛钦大数定律,以及三个大数定律之间是什么关系,它们有何用? 何谓林德伯格 - 列维中心极限定理和棣莫弗 - 拉普拉斯中心极限定理,两个中心极限定理之间是什么关系,如何用中心极限定理解决一些简单的实际问题?

3.5.1　大数定律

　　在第 1 章中我们曾指出,在独立重复试验中随机事件 A 在 n 次试验中发生的频率 $\dfrac{\mu_n}{n}$ 会随着试验次数 n 的增加逐渐稳定到某一个常数, 这就是所谓的"频率稳定性". 例如,反复抛掷一枚硬币,我们会发现硬币正面出现的频率会随着试验次数的增加逐渐稳定下来, 如图 3.5.1 所示.

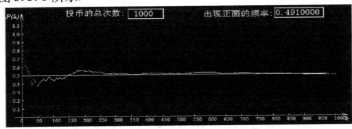

图　3.5.1

概率论与数理统计(经济类)

想一想 如何用严格的数学语言描述"频率稳定性"?并给出严格的证明.

定义 3.5.1 设 $X_1, X_2, \cdots, X_n, \cdots$ 为随机变量列,若存在常数 a,使得对任意 $\varepsilon > 0$,恒有

$$\lim_{n \to \infty} P\{|X_n - a| > \varepsilon\} = 0, \tag{3.5.1}$$

则称随机变量列 $\{X_n\}$ 依概率收敛到 a,记作 $X_n \xrightarrow{P} a$.

定理 3.5.1 【伯努利大数定律】 设 μ_n 是 n 重伯努利试验中事件 A 发生的次数,而 p 是事件 A 在每次试验中发生的概率,则频率 $\dfrac{\mu_n}{n}$ 依概率收敛到概率 p,即对任意 $\varepsilon > 0$,有

$$\lim_{n \to \infty} P\left\{\left|\frac{\mu_n}{n} - p\right| > \varepsilon\right\} = 0. \tag{3.5.2}$$

证明:显然,$\mu_n \sim B(n, p)$,所以 $E(\mu_n) = np$,$D(\mu_n) = np(1-p)$,因而

$$E\left(\frac{\mu_n}{n}\right) = p, \quad D\left(\frac{\mu_n}{n}\right) = \frac{1}{n^2}D(\mu_n) = \frac{p(1-p)}{n}.$$

于是,根据切比雪夫不等式,对任意 $\varepsilon > 0$,有

$$P\left\{\left|\frac{\mu_n}{n} - p\right| > \varepsilon\right\} \leqslant \frac{p(1-p)}{n\varepsilon^2},$$

两边取极限,可得

$$0 \leqslant \lim_{n \to \infty} P\left\{\left|\frac{\mu_n}{n} - p\right| > \varepsilon\right\} \leqslant \lim_{n \to \infty} \frac{p(1-p)}{n\varepsilon^2} = 0,$$

从而有

$$\lim_{n \to \infty} P\left\{\left|\frac{\mu_n}{n} - p\right| > \varepsilon\right\} = 0.$$

历史上,瑞士数学家雅各布·伯努利(Jocob Bernoulli, 1654—1705 年)在他死后于 1713 年由他侄子帮助整理出版的概率论名著《猜度术》一书中首次提出上述定理的结论并给出严格证明,故而将其命名为"伯努利大数定律",其中"大数定律"一词是由提出泊松分布的法国数学家泊松(Poisson, 1781—1840)引入.

伯努利大数定律提出后产生了广泛的影响,吸引众多的数学家对其做进一步的推广工作. 经过长期的研究,人们认识到频率 $\dfrac{\mu_n}{n}$ 具有性质(3.5.2)的一个重要因素是由于 μ_n 可以分解为相互独立的随机变量之和.

事实上,若令

$$X_i = \begin{cases} 1, & \text{第 } i \text{ 次试验中 } A \text{ 发生,} \\ 0, & \text{第 } i \text{ 次试验中 } A \text{ 未发生,} \end{cases} \quad i = 1, 2, \cdots, n.$$

则随机事件 A 在 n 次试验中发生的频率 $\dfrac{\mu_n}{n}$ 可重新表述为

$$\frac{\mu_n}{n} = \frac{X_1 + X_2 + \cdots X_n}{n} = \frac{1}{n}\sum_{i=1}^{n} X_i.$$

其中随机变量序列 $X_1, X_2, \cdots, X_n, \cdots$ 相互独立且同服从 $0-1$ 分布.
因而，**伯努利大数定律**可重新表述为，设随机变量序列 $X_1, X_2, \cdots,$
$X_n, \cdots$ 相互独立且同服从 $0-1$ 分布 $B(1, p)$，显然 $E(X_i) = p, (i = 1, 2, \cdots)$，则对任意 $\varepsilon > 0$，有

$$\lim_{n \to \infty} P\left\{ \left| \frac{1}{n} \sum_{i=1}^{n} X_i - p \right| > \varepsilon \right\} = 0.$$

即随机变量 $X_1, X_2, \cdots, X_n$ 的平均值 $\dfrac{1}{n} \sum_{i=1}^{n} X_i$ 依概率收敛到它们的

期望值 p.

类似于频率稳定性，在生活中，我们也会经常遇到"平均值稳定性". 例如，当我们测量一个贵重物品时，通常会反复测量然后取平均；再如，反复抛掷一枚骰子，会发现骰子出现点数的平均值会随着试验次数的增加逐渐稳定下来，如图 3.5.2 所示.

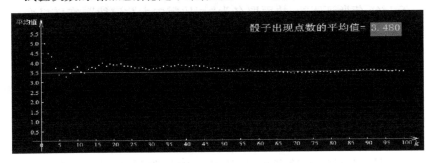

图　3.5.2

这就促使我们提出：

一般地，当随机变量 $X_1, X_2, \cdots, X_n$ 满足什么条件时，它们的平均值会依概率收敛，即存在常数 μ，使得对任意 $\varepsilon > 0$，有

$$\lim_{n \to \infty} P\left\{ \left| \frac{1}{n} \sum_{i=1}^{n} X_i - \mu \right| > \varepsilon \right\} = 0. \qquad (3.5.3)$$

重新考查伯努利大数定律的上述证明，我们会发现该证明的关

键之处在于频率 $\dfrac{\mu_n}{n}$ 的方差存在且满足

$$\lim_{n \to \infty} D\left(\frac{\mu_n}{n} \right) = 0.$$

一般地，若随机变量 $X_1, X_2, \cdots, X_n$ 的平均值 $\dfrac{1}{n} \sum_{i=1}^{n} X_i$ 的方差存

在且通常满足

$$\lim_{n \to \infty} D\left(\frac{1}{n} \sum_{i=1}^{n} X_i \right) = 0.$$

则就可以同样利用切比雪夫不等式证明平均值的"稳定性". 由此我们引入第二个大数定律.

定理 3.5.2 **【切比雪夫大数定律】**　设随机变量列 $X_1, X_2, \cdots,$
X_n，两两不相关，每一个随机变量都有数学期望和方差，且它们的方

差有上界，即存在常数 C，使得 $D(X_i) \leqslant C(i=1,2,\cdots)$，则对任意 $\varepsilon > 0$，有

$$\lim_{n\to\infty} P\left\{ \left| \frac{1}{n}\sum_{i=1}^n X_i - \frac{1}{n}\sum_{i=1}^n EX_i \right| > \varepsilon \right\} = 0. \qquad (3.5.4)$$

证明：因为 $X_1, X_2, \cdots, X_n, \cdots$ 两两不相关且它们的方差有上界 C，所以

$$D\left(\frac{1}{n}\sum_{i=1}^n X_i \right) = \frac{1}{n^2}\sum_{i=1}^n DX_i \leqslant \frac{C}{n}.$$

两边取极限，得

$$\lim_{n\to\infty} D\left(\frac{1}{n}\sum_{i=1}^n X_i \right) = 0.$$

于是，根据前面的分析，再由切比雪夫不等式就可以完成证明.

定理 3.5.2 是由提出切比雪夫不等式的俄国数学家切比雪夫于 1866 年所证明的，故而取名为"切比雪夫大数定律". 在随机变量列 $X_1, X_2, \cdots, X_n, \cdots$ 相互独立且均服从同一分布（简称为**独立同分布**）时，切比雪夫大数定律可以简化为

推论 设随机变量序列 $X_1, X_2, \cdots, X_n, \cdots$ 独立同分布，且分布具有数学期望 μ 和方差 σ^2，则对任意 $\varepsilon > 0$，有

$$\lim_{n\to\infty} P\left\{ \left| \frac{1}{n}\sum_{i=1}^n X_i - \mu \right| > \varepsilon \right\} = 0.$$

另一位俄国数学家辛钦（1894—1959）发现，在独立同分布的情况下，推论中要求方差存在的条件可以去掉，由此得到

定理 3.5.3 【**辛钦大数定律**】   设随机变量序列 $X_1, X_2, \cdots, X_n$，独立同分布，且分布具有数学期望 μ，则对任意 $\varepsilon > 0$，有

$$\lim_{n\to\infty} P\left\{ \left| \frac{1}{n}\sum_{i=1}^n X_i - \mu \right| > \varepsilon \right\} = 0.$$

伯努利大数定律建立了在大量重复独立试验中事件出现频率的稳定性，正因为这种稳定性，概率的概念和计算才有了客观的意义.

切比雪夫大数定律和辛钦大数定律表明，通过平均，在大量观察中个别因素的影响将相互抵消而使总体稳定. 例如，每个学生的概率统计课程考试成绩具有较大的随机性从而难以事先准确预测，但是所有学生的平均成绩会有很强的稳定性预测起来要容易得多.

大数定律也是后面将要学习的数理统计的理论基础，具有明显的统计学含义. 伯努利大数定律表明，我们可以用频率 $\frac{\mu_n}{n}$ 估计概率 p，且估计的误差可以任意的小而可靠性可以任意的大，只要试验次数 n 足够大. 类似地，辛钦大数定律表明，我们可以用可观测的平均值 $\bar{X} = \frac{1}{n}\sum_{i=1}^n X_i$ 估计难以观测理论期望值 μ，且估计的误差可任

意的小而可靠性可任意的大,只要试验次数 n 足够大.

定理 3.5.4【林德伯格 – 列维中心极限定理】　设随机变量序列 $X_1, X_2, \cdots, X_n, \cdots$ 独立同分布,且分布具有数学期望 μ 和不为零的方差 σ^2,则对任意实数 x,有

$$\lim_{n \to \infty} P\left\{ \frac{\sum\limits_{i=1}^{n} X_i - n\mu}{\sqrt{n}\sigma} \leq x \right\} = \frac{1}{\sqrt{2\pi}} \int_{-\infty}^{x} e^{-\frac{t^2}{2}} dt. \quad (3.5.6)$$

定理 3.5.4 实际上说明,独立同分布随机变量和 $\sum\limits_{i=1}^{n} X_i$ 标准化后在 $n \to \infty$ 时,渐近服从标准正态分布 $N(0,1)$,通常记作

$$\frac{\sum\limits_{i=1}^{n} X_i - n\mu}{\sqrt{n}\sigma} \overset{a}{\sim} N(0,1). \quad (3.5.7)$$

由此可知,只要 $X_1, X_2, \cdots, X_n$ 独立同分布且存在期望 μ 和不为零的方差 σ^2,则它们的 $\sum\limits_{i=1}^{n} X_i$ 就渐近服从正态分布 $N(n\mu, n\sigma^2)$.

例 3.5.1　一所学校举办庆祝活动,邀请学生家长出席,因场地所限,限定每名学生最多可带两位家长出席. 根据往年经验,学生中无家长、有 1 位家长、有两位家长出席的比例分别为 0.05, 0.8, 0.15. 学校共有 400 学生,求出席活动的家长数超过 450 人的概率.

解: 设 X_k 表示第 k 个学生出席的家长数,$k = 1, 2, \cdots, 400$,则 $X_1, X_2, \cdots, X_{400}$ 相互独立且同服从下列分布(见表 3.5.1).

表　3.5.1

X_k	0	1	2
P	0.05	0.8	0.15

由上述分布易得

$$EX_k = 1.1, DX_k = 0.19, k = 1, 2, \cdots, 400..$$

以 X 表示出席活动的家长数,显然

$$X = X_1 + X_2 + \cdots + X_{400}.$$

所以,$EX = 400 \times 1.1, DX = 400 \times 0.19.$

由林德伯格 – 列维中心极限定理知,X 近似服从正态分布 $N(440, 76)$. 于是,所求概率为

$$P\{X > 450\} = P\left\{ \frac{X - EX}{\sqrt{DX}} > \frac{450 - 400 \times 1.1}{\sqrt{400 \times 0.19}} \right\}$$

$$\approx 1 - \Phi\left(\frac{450 - 400 \times 1.1}{\sqrt{400 \times 0.19}} \right)$$

$$= 1 - \Phi(1.147) = 0.1357.$$

即出席活动的家长数超过 450 人的概率约为 13.6%.

想一想　试验次数 n 到底需要多大? 才能保证用观察值估计理论值的误差和可靠性都达到指定的要求. 即给定 α 和 ε,试验次数 n 需要多大,才能保证

$$P\left\{ \left| \frac{1}{n} \sum_{i=1}^{n} X_i - \mu \right| > \varepsilon \right\} < \alpha. \quad (3.5.5)$$

要解决上述问题,就需要进一步讨论下列**独立变量和**的分布:

$$\sum_{i=1}^{n} X_i = X_1 + X_2 + \cdots + X_n.$$

这正是**中心极限定理**要解决的问题.

特别地,若 $X_1, X_2, \cdots, X_n$ 独立同服从 $0-1$ 分布 $B(1,p)$,则由二项分布的可加性知:

$$\mu_n = X_1 + X_2 + \cdots + X_n \sim B(n,p).$$

所以,作为林德伯格 – 列维中心极限定理的特例,我们给出历史上著名的棣莫弗 – 拉普拉斯中心极限定理.

定理 3.5.5 【棣莫弗 – 拉普拉斯中心极限定理】 设 $\mu_n \sim B(n,p), 0 < p < 1$,则对任意实数 x,有

$$\lim_{n \to \infty} P\left\{ \frac{\mu_n - np}{\sqrt{npq}} \leqslant x \right\} = \frac{1}{\sqrt{2\pi}} \int_{-\infty}^{x} e^{-\frac{t^2}{2}} dt. \qquad (3.5.8)$$

正如在第 2 章讨论正态分布的历史来源时指出的,定理 3.5.5 最早是由法国数学家棣莫弗(De Moivre, 1667—1754)于 1733 年在 $p = \frac{1}{2}$ 的情形提出并证明. 后来,另一位法国数学家拉普拉斯(Pierre – Simon Laplace, 1749—1827)于 1812 年推广到 $0 < p < 1$ 的一般情形.

a) 棣莫弗(Abraham de Moivre, 1667—1754) b) 拉普拉斯(Pierre–Simon Laplace, 1749—1827)

图 3.5.3

定理 3.5.5 表明, 若 $\mu_n \sim B(n,p), 0 < p < 1$,则标准化后 $\frac{\mu_n - np}{\sqrt{npq}} \overset{a}{\sim} N(0,1)$. 因此. 当 n 充分大时, 二项分布 $B(n,p)$ 可用正态分布 $N(np, npq)$ 近似替代.

例 3.5.2 某机场安检员检查一名乘客需用 10s,但有些乘客需要重检一次. 需要再用 10s. 假设每位乘客需要重检的概率为 0.5 且各位乘客是否需要重检是相互独立的. 求安检员在 8h 内检查的乘客多于 1900 人的概率.

解:以 X 表示 1900 名乘客需要重检的人数,则由题可知

$$X \sim B(1900, 0.5).$$

安检员在 8h 内检查的乘客多于 1900 个, 等价于说, 检查 1900 名乘客所用时间少于 8h, 于是所求概率为

$$P\{(10 \times 1900 + 10X) < 8 \times 3600\} = P\{X < 980\}$$

$$= P\left\{\frac{X - EX}{\sqrt{DX}} < \frac{980 - 1900 \times 0.5}{\sqrt{1900 \times 0.5 \times 0.5}}\right\}$$

$$\approx \Phi\left(\frac{980 - 1900 \times 0.5}{\sqrt{1900 \times 0.5 \times 0.5}}\right) = \Phi\left(\frac{6}{\sqrt{19}}\right)$$

$$\approx \Phi_0(1.38) = 0.9162.$$

即安检员在 8h 内检查的乘客多于 1900 人的概率约为 91.6%.

现在利用中心极限定理回答上面式 (3.5.5) 的问题. 即给定 α 和 ε, 试验次数 n 需要多大, 才能保证

$$P\left\{\left|\frac{1}{n}\sum_{i=1}^{n} X_i - \mu\right| > \varepsilon\right\} < \alpha. \tag{3.5.5}$$

由定理 3.5.4 可得

$$P\left\{\left|\frac{1}{n}\sum_{i=1}^{n} X_i - \mu\right| > \varepsilon\right\} = P\left\{\left|\frac{\sum_{i=1}^{n} X_i - n\mu}{\sqrt{n}\sigma}\right| > \frac{\sqrt{n}\varepsilon}{\sigma}\right\} \approx 2\left[1 - \Phi\left(\frac{\sqrt{n}\varepsilon}{\sigma}\right)\right].$$

其中, $\Phi(x)$ 是标准正态分布 $N(0,1)$ 的分布函数. 在上式中两边取极限可以重新证明独立同分布情形的切比雪夫大数定律, 从这个角度看, 中心极限定理比大数定律更精细.

类似地, 由定理 3.5.5 可得

$$P\left\{\left|\frac{\mu_n}{n} - p\right| > \varepsilon\right\} \approx 2\left[1 - \Phi\left(\varepsilon\sqrt{\frac{n}{pq}}\right)\right]. \tag{3.5.9}$$

所以当用频率 $\dfrac{\mu_n}{n}$ 估计概率 p 时, 给定 α 和 ε, 求最小的试验次数 n, 使

$$P\left\{\left|\frac{\mu_n}{n} - p\right| > \varepsilon\right\} < \alpha,$$

就等价于使

$$\Phi\left(\varepsilon\sqrt{\frac{n}{pq}}\right) > 1 - \frac{\alpha}{2}. \tag{3.5.10}$$

例 3.5.3　某品牌往常的市场占有率为 15%, 现今公司决定再做一次抽样调查. 要求误差小于 1% 的概率达到 95%. 问至少要抽查多少户?

解: 设计良好的抽样调查过程可以看作伯努利概型, 在本题中相当于给定 $\alpha = 0.05$. $\varepsilon = 0.01$, 且已知 $p = 0.15$, 求 n 需要多大, 才能保证

$$P\left\{\left|\frac{\mu_n}{n} - p\right| > \varepsilon\right\} < \alpha.$$

由式 (3.5.10) 知, 等价于求 n, 使得

$$\Phi\left(\varepsilon\sqrt{\frac{n}{pq}}\right)>1-\frac{\alpha}{2}.$$

即求解

$$\Phi\left(0.01\sqrt{\frac{n}{0.15\times0.85}}\right)>0.975.$$

反查标准正态分布函数的数值表得

$$0.01\sqrt{\frac{n}{0.15\times0.85}}>1.96.$$

解得

$$n>4898.04.$$

即至少要抽查 4898 户.

从这个例子可以看出,在抽样调查方案的设计中,样本大小 n 的确定至关重要,一方面决定着调查结果的精度和可信度,另一方面也决定着预算开支和工作量.

想一想 在抽样调查中若没有关于概率 p 的信息可用,只给定 α 和 ε,如何确定样本大小 n?

练习 3.5

1. 判断下列说法是否正确,并说明理由.

(1)设随机变量列 $X_1,X_2,\cdots,X_n,\cdots$ 相互独立且具有相同的概率密度.则序列 $X_1,X_2,\cdots,X_n,\cdots$ 满足辛钦大数定律.

(2)设随机变量列 $X_1,X_2,\cdots,X_n,\cdots$ 独立且服从参数为 λ 的泊松分布.则序列 $X_1,2X_2,\cdots,nX_n,\cdots$ 满足切比雪夫大数定律.

2. 设随机变量列 $X_1,X_2,\cdots,X_n,\cdots$ 独立同服从均值为 3 的几何分布.利用大数定律求证:$\dfrac{1}{n}\sum_{i=1}^{n}X_i^2$ 依概率收敛于常数 a,并求 a 的值.

3. 保险公司根据生命表知道.某年龄段的保险者里.一年中每个人死亡的概率为 0.005,现在有 10000 个这类人参加人寿保险.试求在未来一年中这些投保者中死亡人数不超过 70 人的概率.

4. 保险公司设计一个险种预计可卖出 n 个保单,以 $X_1,X_2,\cdots,X_n$ 表示 n 个保单投保人在未来一个特定时期内发生索赔时保险公司的赔付金额,假设 $X_1,X_2,\cdots,X_n$ 相互独立且同服从均值为 5 的指数分布.记 $S=\sum_{i=1}^{n}X_i$.保险公司希望确定适当的保费水平 μ 保证 $P\{n\mu\geqslant S\}=0.95$,试求满足这一要求的保费水平 μ 与 n 的关系,并讨论投保人数规模 n 对 μ 的影响.

5. 某车间有同型号机床 200 部,由于经常需要检修等原因,每部只有 60% 的时间在开动用电,各机床是否开动是相互独立的且每部开动时耗电 1kW,问最少要供应该车间多少电能(单位:kW),才能以 99.9% 的概率保证不致因供电不足而影响生产?

6. 某地区内原有一家小型电影院,因不能满足需要,计划再建一所较大型的电影院. 据分析,该地区每日看电影的观众约有 1600 人,且预计新电影院建成开业后,约有 $\frac{3}{4}$ 的观众将去新电影院. 新电影院在计划其座位数时要保证空座超过 200 的概率不能超过 10% ,请问应设多少个座位?

7. 计算机在进行加法时,每个加数取整数(按四舍五入取最为接近的整数),设所有加数的取整误差是相互独立的,且它们服从 $[-0.5,0.5]$ 上的均匀分布. 求:

(1)若将 200 个数相加,求误差总和的绝对值超过 15 的概率;

(2)要使 n 个数相加的误差总和的绝对值小于 10 的概率不小于 95% ,请问 n 最多可以多大?

8. 若用男孩出生的频率估计男孩出生的概率 p ,试问要抽样调查多少名新生婴儿,才能使估计的误差不超过 1% 的概率至少为 90%?

本章小结

随机向量即多维随机向量,把两个或多个随机变量放在一起作为随机向量研究,不但需要研究各个分量个别的性质,而且要考虑它们之间的联系,从而大大丰富了研究的内容. 为了叙述和研究方便,我们重点讨论了二维随机向量.

与一维情形类似,二维随机向量的二元分布函数以及它的两种特殊表现形式——离散型的二元概率分布和连续型的二元概率密度仍然是主要的研究工具,它们统称为联合分布. 二维随机向量的各个分量的分布统称为边缘分布,具体研究边缘分布函数以及它的两种特殊表现形式——离散型的边缘概率分布和连续型的边缘概率密度.

随机变量的独立性是将随机事件的独立性推广到随机变量的情形,两个随机变量相互独立,直观上就是指两者在概率上相互没有影响;反映在分布上就是联合分布与边缘分布可以相互确定.

多维随机向量的函数是一维随机变量函数的自然推广,我们重点讨论了两个随机变量的和与最值的分布,尤其是两个随机变量相互独立的情形. 提出了离散型和连续型卷积公式并利用它们分别证明了二项分布、泊松分布和正态分布的可加性. 分布的可加性是指两个相互独立的具有相同分布的随机变量的和仍然服从同一分布.

随机向量的数字特征也是随机变量的数学特征的自然推广,我们首先将一维随机变量函数的数学期望的计算公式推广到二维随机向量的情形,并统一命名为佚名统计学家公式(该公式是概率论中最常用的公式之一). 利用佚名统计学家公式进一步讨论了数学期望和方差的性质,提出了"和的期望等于期望和","独立变量的积的期望等于期望的积"和"独立变量的和的方差等于方差的和"三条重要性质.

协方差和相关系数的引入使得我们对两个随机变量的联系中最简单的一种——线性相关程度有了一个数量指标. 相关系数为零的两个随机变量称为不相关,不相关性大大弱于独立性,但等价于方差的可加性 $D(X + Y) = DX + DY$ 与数学期望的可乘性 $E(XY) = EX \cdot EY$.

我们将条件分布与条件期望合并为一节单独处理,一是因为两者本身的关系密切,都是研究随机变量之间联系的重要工具,适合放在一起讨论,二是因为它们相对来说比较复杂——尤其是对于非数学专业的学生来说,延后提出也许更有利于学习.

不同于一维情形,在二维情形常用的分布很少见,我们着重讨论了联系几何概型的二维均匀分布和二维正态分布. 二维均匀分布可概括几何概型的大部分问题,可以将几何概型的潜在假设完全清楚明确地表述出来. 二维正态分布是本章的一个重点,为了分散难点,我们采取了各个击破的策略,现在适合将其要点总结一下.

二维正态分布 $N(\mu_1, \mu_2; \sigma_1^2, \sigma_2^2; \rho)$ 本身是二维数据中最常用的分布,具有下列良好的性质:

(1)二维正态分布中五个参数都有明确的统计学含义,其中,μ_1, μ_2 是数学期望,σ_1^2, σ_2^2 是方差,而 ρ 是相关系数,且由这五个参数完全决定;

(2)二维正态分布的边缘分布仍为正态分布;

(3)二维正态分布的条件分布仍为正态分布,条件均值是线性函数;

(4)服从二维正态分布的两个随机变量(简称二维正态变量)不相关等价于独立;

(5)二维正态变量的线性组合仍服从正态分布.

大数定律和中心极限定理是概率论中比较深入的理论结果,也是下面将要学习的数理统计的理论基础,在本课程中起着承上启下的作用. 我们从如何描述事件的频率稳定性的角度引入伯努利大数定律,然后将事件的频率看作随机变量的平均值特例,从如何描述平均值的稳定性角度将伯努利大数定律推广为切比雪夫大数定律和辛钦大数定律,两者的区别是切比雪夫大数定律强调方差的存在但不要求独立同分布,而辛钦大数定律强调独立同分布但不要求方差. 最后从如何确定样本大小(即试验次数)使得大数定律的结论尽可能精确和可信的角度引入了中心极限定理.

重要术语

随机向量　联合分布函数和边缘分布函数　离散型随机向量

联合概率分布和边缘概率分布　连续型随机向量　联合概率密度和边缘概率密度　二维均匀分布　二维正态分布　随机变量的相互独立　卷积公式　分布的可加性　佚名统计学家公式　协方差　相关系数　不相关　条件分布　条件期望　全期望公式　伯努利大数定律　切比雪夫大数定律　辛钦大数定律　林德伯格 – 列维中心极限定理　棣莫弗 – 拉普拉斯中心极限定理.

习题3

1. 机场的一辆摆渡车载有 25 名乘客途径 9 个站,每位乘客都等可能的在 9 个站中任意一站下车且不受其他乘客下车与否的影响,交通车只在有乘客下车时才停车,令 X_i, Y_i 分别表示在第 i 站的停车次数和下车人数, $i = 1, 2, \cdots, 25$. 求

(1) (Y_i, Y_j) $(i \neq j)$ 的分布和边缘分布,并判断 Y_i 与 Y_j 是否独立;

(2) (X_i, X_j) $(i \neq j)$ 的分布和边缘分布,并判断 Y_i 与 Y_j 是否独立;

(3) $U = X_i + X_j$ 与 $V = X_i - X_j$ $(i \neq j)$ 各自的分布;

(4) $\mathrm{cov}(X_i, X_j)$, ρ_{X_i, X_j} $(i \neq j)$;

(5)摆渡车停车次数 X 的数学期望和方差;

(6)在 $X_i = 1$ 的条件下 Y_i 的条件分布和条件期望.

2. 某班车起点站上车乘客人数 X 服从参数为 λ 的泊松分布,每位乘客中途下车的概率为 $p(0 < p < 1)$ 且各乘客中途是否下车相互独立,以 Y 表示中途下车的人数,求 Y 的分布和数学期望.

3. 一个袋子中装有 m 个颜色各不相同的球,每次取一球记下颜色再放回,现有放回地摸取 n 次,以 X 表示 n 次取出的球中的不同颜色数,求 X 的数学期望.

4. 设 $X \sim P(\lambda)$, $Y \sim P(\mu)$,求在 $X + Y = n(n = 1, 2, \cdots)$ 的条件下 X 的条件分布和条件期望.

5. 设 (X, Y) 服从区域 $G = \{ (x, y) \mid y \leqslant x \leqslant 3 - y, 0 \leqslant y \leqslant 1 \}$ 上的均匀分布,求:

(1)边缘概率密度 $f_X(x)$ 和 $f_Y(y)$,并判断 X 与 Y 是否独立;

(2)相关系数 $\rho_{X, Y}$,并判断 X 与 Y 是否不相关;

(3)条件概率密度 $f_{X|Y}(x \mid y)$ 和 $f_{Y|X}(y \mid x)$;

(4)条件期望 $E[X \mid Y]$ 和 $E[Y \mid X]$.

6. 设随机变量 Y 服从参数为 X 的指数分布,而参数 X 是服从 $[1, 2]$ 上的均匀分布的随机变量. 求:

(1) (X, Y) 的概率密度;

(2)边缘概率密度 $f_Y(y)$ 和条件概率密度 $f_{X|Y}(x \mid y)$;

(3)条件期望 $E[X \mid Y = 1]$;

(4) $P\{Y \leqslant X\}$.

7. 设 (X,Y) 服从区域 $G = \{(x,y)\,|\,0 \leqslant x \leqslant 2, 0 \leqslant y \leqslant 1\}$ 上的均匀分布,求:

(1) $Z = X + Y$ 的概率密度;

(2) $N = \min\{X,Y\}$ 的概率密度;

8. 设随机变量 Y 服从参数为 $\lambda = 1$ 的指数分布,令随机变量

$$X_k = \begin{cases} 1, & \text{若 } Y > k, \\ 0, & \text{若 } Y \leqslant k, \end{cases} k = 1,2.$$

求 $\mathrm{cov}(X_1, X_2), \rho_{X_1, X_2}$.

9. 设 X, Y 的方差分别为 σ_X^2, σ_Y^2,相关系数为 $\rho_{X,Y}$,现用 X 的线性函数 $L(X)$ 对 Y 作预测,证明:在均方误差 $E[Y - L(X)]^2$ 最小的意义下的最优线性预测为

$$L(X) = EY + \rho_{X,Y} \frac{\sigma_Y}{\sigma_X}(X - EX).$$

10. 设 $(X,Y) \sim N(\mu, \mu; \sigma^2, \sigma^2; 0)$,求证:

$$E[\max\{X,Y\}] = \mu + \frac{\sigma}{\sqrt{\pi}}.$$

第 4 章
数理统计的基础知识

在概率论中所研究的随机变量,其基本的分布类型往往都是已知的,我们可以讨论这些分布的具体特性,如:数学期望、方差、有关事件的概率等. 如果随机变量的分布类型都不知道或不完全知道,那么需要通过抽样观测而取得若干观测值,从这些观测值出发去推断随机变量的基本分布规律以及相应的参数,这便构成数理统计学的主要内容. 按《不列颠百科全书》的说法,(数理)统计学是"收集和分析数据的科学与艺术".

引例4.1 设想你是一名国家统计局的职员,上级指派你调查分析即将过去的一年全国居民收入. 请问你如何展开工作?

根据生活常识,我们会从全国居民中抽取一部分来了解他们的收入,进而推断出全部居民的收入,这就是数理统计的方法.

4.1 数理统计中的基本概念:总体、样本、统计量和数理统计简史

节前导读:

本节是为后面学习推断统计部分而进行的准备工作,主要内容就是了解什么是数理统计及其发展史,重点掌握数理统计中的几个基本概念——总体与总体分布、样本与样本分布、统计量及抽样分布、枢轴量.

4.1.1 什么是数理统计

数理统计的任务就是研究怎样有效地收集、整理、分析所获得的有限的、局部的(数据)资料. 对所研究问题的整体,尽可能地做出精确而可靠的结论.

在数理统计中,不是对所研究的对象全体(称为**总体**)进行观察,而是抽取其中的部分(称为**样本**)进行观察获得数据(抽样). 并通过这些数据对总体进行推断.

数理统计是一种工具,一种从数据中挖掘信息的工具.

4.1.2 数理统计学的发展史

数理统计学的发展大致分为四个时期.

1. 萌芽时期

19 世纪以前是数理统计学的萌芽时期. 本时期统计学具有的社会学与政治学色彩强于其数学特征,统治者需要知道他所统治的百姓的财富和人口数,主要用求和、求平均值、求百分比或用图、用表格把它们表示出来,即在该时期描述统计占主导地位.

2. 幼年阶段

19 世纪初,高斯等统计学家进行观测数据误差分析和最小二乘法的工作,以及经过以后马尔可夫的发展,这些方法逐渐成为数理统计学的一个重要方法. 这个时期形成一种观点,即数据来自服从一定概率分布的总体,利用这些数据去推断这个分布中的未知信息,这就是统计问题.

3. 蓬勃发展时期

20 世纪初至第二次世界大战结束是数理统计蓬勃发展达到成熟的时期,许多重要的基本观点和方法,以及数理统计的主要分支学科,都在这个时期建立和发展起来. 同时,统计也加速了其"数学化"的过程,促成了数理统计这门数学分支的最后定型. 为此做出较大贡献的科学家也有很多,比如卡尔·皮尔逊、W. S. 戈塞特、R. A. 费歇尔、J. 纽曼、许宝騄等.

4. 战后时期

第二次世界大战后,统计工作使用的数学工具越来越艰深,从数学角度提出的问题所占的比重越来越大,促使参数估计和非参数估计有了极大的发展;同时,贝叶斯学派的崛起以及计算机学科的发展有益于数理统计的应用得到广泛发展.

大数据时代下,数据信息发展表现出总体即是样本的态势,那还需要基于抽样的统计学吗? 我们要知道,数据有时也不是越多越好,数据量越大其所含的信息量就越大,反而会增加在数据中寻找规律的难度. 大数据时代给统计学带来了发展机遇,统计学是基于合理概率抽样的科学,有着较深的理论基础与科学性,统计学的地位仍然是不可撼动的,依旧是处理数据的有效方法. 同时,大数据时代也给统计学的发展带来了一定的挑战,如何转换传统统计学思维,使之可以更好地适应与解决大数据问题并不简单,这需要统计学家与社会各界人士持续不断的共同努力.

4.1.3 基本概念

1. 总体与总体分布

总体是指按某一统计研究目的要求,所要研究的所有基本单位的总和. 组成总体的每一个事物,称为个体. 例如,假设你要到某工厂采购某种电子设备,那么该工厂的所有电子设备就构成采购问题的总体,相应地每个电子设备就是个体.

在具体问题中,我们总是关心总体的某个指标,故一个总体便对应一个随机变量 X,像上例中,采购员关注的是反映电子设备的使用寿命,而电子设备的寿命是一个随机变量 X. 对总体的研究就可以通过对随机变量 X 的研究来进行. 有了随机变量,概率论中的分布函数、概率密度、数字特征等一系列工具都有可能用来研究总体. 今后不再对总体与相应的随机变量进行区分,而笼统地称为总体 X,总体 X 的分布称为**总体分布**.

总体的分布一般来说是未知的,有时即使知道其分布的类型(如正态分布、二项分布等),但这些分布中所含的参数(如 μ,σ^2,p 等)也是未知的. 数理统计的任务就是根据总体中部分个体的数据资料对总体的未知分布进行统计推断.

例 4.1.1 如果想研究"生男、生女的机会是否一样",请问如何设定总体及总体分布?

解:直观上,每个新生婴儿都是要调查的对象,所以所有的新生婴儿全体构成调查的总体.

具体地看,我们只关注每个新生婴儿的性别,记作 X,其中

$$X = \begin{cases} 1, & \text{新生婴儿是男孩,} \\ 0, & \text{新生婴儿是女孩,} \end{cases} \text{则总体 } X \sim B(1,p).$$

2. 样本与样本分布

样本是按一定规律从总体中抽取的一部分个体. 样本中所包含的个体个数称为**样本容量**.

若总体视为随机变量 X,则相应的 n 个被抽中的个体用 $X_1,X_2,\cdots,X_n$ 来表示. 由于这 n 个个体从总体中随机抽取,作为随机试验是在相同条件下独立进行的,有理由认为 $X_1,X_2,\cdots,X_n$ 是相互独立的. 各个 X_i,比如 X_k 可取什么数值呢? 如果总体 X 可以取值的范围为 $0,1,\cdots,100$,那么 X_k 的取值范围也是 $0,1,2,\cdots,100$. 这是因为 X_k 是从总体 X 中随机抽取的,没有理由认为 X_k 应该偏低,也没有理由说 X_k 应该偏高. 可见 X_k 与 X 有相同取值范围、相同分布规律. 也就是说 $X_1,X_2,\cdots,X_n$ 都是与总体 X 具有相同分布的随机变量,这样得到的 $X_1,X_2,\cdots,X_n$ 称为来自总体 X 的一个**简单随机样本**,n 就是样本容量. 随机抽取的这 n 个个体经观察后可得 n 个具体的确定的数 $x_1,x_2,\cdots,x_n$,它们依次是随机变量 $X_1,X_2,\cdots,X_n$ 的观测值,称为样本值.

可见简单随机样本满足下面两个条件:

(1)代表性:$X_1,X_2,\cdots,X_n$ 与所考察的总体具有相同的分布;

(2)独立性:$X_1,X_2,\cdots,X_n$ 是相互独立的随机变量.

样本 $(X_1,X_2,\cdots,X_n)$ 的分布称为**样本分布**.

注：今后假定所考虑的样本均为简单随机样本，简称为样本.

设总体 X 的分布函数为 $F(x)$，则简单随机样本 $(X_1, X_2, \cdots, X_n)$ 的联合分布函数为

$$F(x_1, x_2, \cdots, x_n) = \prod_{i=1}^{n} F(x_i)$$

并称其为**样本分布**.

特别地，若总体 X 为连续型随机变量，其概率密度为 $f(x)$，则样本的概率密度为

$$f(x_1, x_2, \cdots, x_n) = \prod_{i=1}^{n} f(x_i).$$

若总体 X 为离散型随机变量，其概率分布为 $p(x_i) = P\{X = x_i\}$，x_i 取遍 X 的所有可能取值，则样本的概率分布为

$$p(x_1, x_2, \cdots, x_n) = p\{X = x_1, X = x_2, \cdots, X = x_n\} = \prod_{i=1}^{n} p(x_i),$$

例 4.1.2 设 X 为伯努利总体，即 $X \sim B(1, p)$，求其样本 $(X_1, X_2, \cdots, X_n)$ 的样本分布.

解：总体 X 的概率分布为 $p(x) = p^x (1-p)^{1-x}$，$x = 0, 1$.
根据定义 $X_1, X_2, \cdots, X_n$ 独立且同服从 $B(1, p)$，所以样本 $(X_1, X_2, \cdots, X_n)$ 的概率分布为

$$
\begin{aligned}
p(x_1, x_2, \cdots, x_n) &= p_{X_1}(x_1) p_{X_2}(x_2) \cdots p_{X_n}(x_n) \\
&= \left[p^{x_1} (1-p)^{1-x_1} \right] \times \left[p^{x_2} (1-p)^{1-x_2} \right] \times \cdots \times \\
&\quad \left[p^{x_n} (1-p)^{1-x_n} \right] \\
&= p^{\sum_{i=1}^{n} x_i} (1-p)^{n - \sum_{i=1}^{n} x_i}, \quad x_i = 0, 1 \, (i = 1, 2, \cdots, n).
\end{aligned}
$$

例 4.1.3 设 X 为正态总体，即 $X \sim N(\mu, \sigma^2)$，求其样本 $(X_1, X_2, \cdots, X_n)$ 的样本分布.

解：根据定义，$X_1, X_2, \cdots, X_n$ 独立且同服从 $N(\mu, \sigma^2)$，所以样本 $(X_1, X_2, \cdots, X_n)$ 的概率密度为

$$
\begin{aligned}
f(x_1, x_2, \cdots, x_n) &= f_{X_1}(x_1) f_{X_2}(x_2) \cdots f_{X_n}(x_n) \\
&= \frac{1}{\sqrt{2\pi}\sigma} e^{-\frac{(x_1 - \mu)^2}{2\sigma^2}} \times \frac{1}{\sqrt{2\pi}\sigma} e^{-\frac{(x_2 - \mu)^2}{2\sigma^2}} \\
&\quad \times \cdots \times \frac{1}{\sqrt{2\pi}\sigma} e^{-\frac{(x_n - \mu)^2}{2\sigma^2}} \\
&= \frac{1}{(\sqrt{2\pi}\sigma)^n} e^{-\frac{1}{2\sigma^2} \sum_{i=1}^{n} (x_i - \mu)^2}, \quad x_i \in \mathbf{R}, \, i = 1, 2, \cdots, n.
\end{aligned}
$$

总体和样本是统计学中的两个基本概念. 样本来自总体，自然带有总体的信息，从而可以从这些信息出发去研究总体的某些特征（分布或分布中的参数）. 另一方面，由样本研究总体更省时省力（特别是针对破坏性的抽样试验而言）. 我们称通过总体 X 的一个

样本 $X_1, X_2, \cdots, X_n$ 对总体 X 的分布进行推断的问题为统计推断问题.

3. 统计量

(1)统计量的概念

在利用样本推断总体时,往往不能直接利用样本,而需要对它进行一定的加工,这样才能有效地利用其中的信息,否则. 样本只是呈现为一堆"杂乱无章"的数据.

例 4.1.4　从某地区随机抽取 50 户农民. 调查其月收入情况,得到下列数据(单位:元)(见表 4.1.1).

表　4.1.1

924	800	916	704	870	1040	824	690	574	490
972	988	1266	684	764	940	408	804	610	852
602	754	788	962	704	712	854	888	768	848
882	1192	820	878	614	846	746	828	792	872
696	644	926	808	1010	728	742	850	864	738

试对该地区农民收入的水平和贫富程度做个大致分析.

显然,如果不进行加工,面对这些大小参差不齐的数据,直观上很难得出什么结论. 但是只要对这些数据稍加加工,便能做出大致分析:如记各农户的月收入数为 $x_1, x_2, \cdots, x_{50}$,则考虑

$$\bar{x} = \frac{1}{50} \sum_{i=1}^{50} x_i = 809.52, \quad \sqrt{B_2} = \sqrt{\frac{1}{50} \sum_{i=1}^{50} (x_i - \bar{x})^2} = 154.28$$

这样,我们可以从 $\bar{x}$ 得出该地区农民人均收入水平属中等,从 $\sqrt{B_2}$ 可以得出该地区农民贫富悬殊不大的结论. 由此可见对样本的加工是十分重要的.

从样本推断总体,要构造一些合适的样本函数,再由这些样本函数来推断未知总体. 这里,样本的函数就叫作样本的统计量. 广义地讲,统计量可以是样本的任意一个函数,但由于构造统计量的目的是为推断未知总体的分布,故在构造统计量时, 就不应包含总体的未知参数,为此引入下列定义.

定义 4.1.1　设 $X_1, X_2, \cdots, X_n$ 为总体 X 的一个样本,称此样本的任意一个不含总体分布未知参数的函数 $g(X_1, X_2, \cdots, X_n)$ 为该样本的统计量.

显然统计量是随机变量,因为它的自变量 $X_1, X_2, \cdots, X_n$ 都是随机变量. 如果 $x_1, x_2, \cdots, x_n$ 是 $X_1, X_2, \cdots, X_n$ 的观测值,则称 $g(x_1, x_2, \cdots, x_n)$ 是 $g(X_1, X_2, \cdots, X_n)$ 的观测值,统计量的分布称为**抽样分布**.

例如,欲从一大批零件毛坯中随机抽取 8 件,它们的重量 X_1, $X_2,\cdots,X_8$ 便是一个样本. 为了估计这批零件毛坯的总体平均重量 μ,我们取这 8 件的算术平均

$$\overline{X} = \frac{1}{8}(X_1 + X_2 + \cdots + X_8).$$

$\overline{X}$ 便是一个统计量. 它是一个随机变量,也会有自己的分布规律. 如果 8 件样品重量的测量值(单位:g)为 230,234,185,240,228,196, 246,200,则 $(x_1,x_2,\cdots,x_n) = (230,234,\cdots,200)$ 便是一个样本值.

如果我们尝试用

$$I = \frac{1}{8}\sum_{i=1}^{8} |X_i - \mu|$$

来估计总体的波动程度也不无道理,但是它不能称为统计量. 原因是它含有一个未知参数 μ,这会对今后的计算分析带来诸多不便. 这也正是统计量定义中规定不能含有未知参数的原因.

例 4.1.5 设 $X_1,X_2,\cdots,X_n$ 为来自正态总体 $N(\mu,\sigma^2)$ 的一个样本,其中,参数 μ 已知,σ^2 未知,判断下列各式哪些是统计量,哪些不是?

(1) $Z_1 = X_1$; (2) $Z_2 = X_1 + X_2 e^{X_3}$;

(3) $Z_3 = \frac{1}{3}(X_1 + X_2 + X_3)$;

(4) $Z_4 = \max(X_1,X_2,X_3)$;

(5) $Z_5 = X_1 + X_2 - 2\mu$;

(6) $Z_6 = \frac{1}{\sigma^2}(X_1^2 + X_2^2 + X_3^2)$.

解:由统计量的概念,知 Z_1,Z_2,Z_3,Z_4,Z_5 是统计量;Z_6 不是统计量.

(2)常用统计量

假定 $X_1,X_2,\cdots,X_n$ 为总体 X 的一个样本,下面介绍几种常用的统计量.

1)样本均值:$\overline{X} = \frac{1}{n}\sum_{i=1}^{n} X_i$;

2)样本方差:$S^2 = \frac{1}{n-1}\sum_{i=1}^{n}(X_i - \overline{X})^2$;

3)样本标准差:$S = \sqrt{\frac{1}{n-1}\sum_{i=1}^{n}(X_i - \overline{X})^2}$;

4)样本(k 阶)原点矩:$A_k = \frac{1}{n}\sum_{i=1}^{n} X_i^k, k = 1,2,\cdots$;

5)样本(k 阶)中心矩:$B_k = \frac{1}{n}\sum_{i=1}^{n}(X_i - \overline{X})^k, k = 2,3,\cdots$.

注:上述五种统计量可以统称为矩统计量,简称为样本矩. 它们

都是样本的显式函数. 它们的观察值依然分别称为样本均值、样本方差、样本标准差、样本(k阶)原点矩、样本(k阶)中心矩.

6）顺序统计量：将样本中的各分量按由小到大的次序排列成

$$X_{(1)} \leqslant X_{(2)} \leqslant \cdots \leqslant X_{(n)},$$

则称 $X_{(1)}, X_{(2)}, \cdots, X_{(n)}$ 为样本的一组顺序统计量，$X_{(i)}$ 称为样本的第 i 个顺序统计量. 特别地，称 $X_{(1)}$ 与 $X_{(n)}$ 分别为样本极小值与样本极大值，并称 $X_{(n)} - X_{(1)}$ 为样本的极差.

4. 枢轴量

在后面的统计推断中还要用到另一重要概念——枢轴量.

定义 4.1.2 仅含有一个未知参数但其分布已知的样本函数称为**枢轴量**.

例如，设总体 X 服从正态分布 $N(\mu, \sigma^2)$，其中，参数 μ 未知，σ^2 已知，则

$$U = \frac{\overline{X} - \mu}{\sigma / \sqrt{n}} \sim N(0, 1)$$

就是一个枢轴量.

综上所述，统计学是研究统计量的一门学问，也是研究如何获取样本，如何将样本加工成统计量，如何利用统计量对总体做出推断的一门学问.

课外拓展：

一、学以致用：引例 4.1 的解析

第一步 确定总体. 从实际调查角度看，总体是全国所有居民的全体. 从具体看，总体是反映居民收入的一个随机变量，不妨设为 X. 进一步明确了调查分析的目的是：

（1）总体 X 的分布. 例如，检验 X 是否服从正态分布？

（2）总体 X 的参数. 例如，估计总体均值 EX 和方差 DX.

第二步 选取样本. 从实际调查的角度看，样本是从总体中随机选取的 n 个居民的收入构成的一组数，记作 $x_1, x_2, \cdots, x_n$. 从理论分析的角度看，样本是从总体中随机抽取的 n 个居民的收入构成的随机向量，记作 $(X_1, X_2, \cdots, X_n)$，而 $(x_1, x_2, \cdots, x_n)$ 是样本的一个可能的取值，简称样本值.

第三步 构造统计量. 简单地说，统计量是根据问题需要对样本进行加工所得到的量. 严格地说，统计量是样本的函数，其取值完全由样本值决定.

第四步 确定中心问题. 如何将样本加工成适当的统计量？如何利用统计量对总体做出推断？

比如，假定 2019 年全国居民收入 X 服从正态分布 $N(\mu, \sigma^2)$，为了估计总体的未知参数 μ 和 σ^2，如何将样本 $(X_1, X_2, \cdots, X_n)$ 加

工成适当的统计量? 后面我们会介绍样本均值 $\overline{X} = \dfrac{1}{n}\sum_{i=1}^{n} X_i$ 和样本方差 $S^2 = \dfrac{1}{n-1}\sum_{i=1}^{n}(X_i - \overline{X})^2$ 是不错的选择.

二、概率统计学家:许宝騄

许宝騄(1910—1970)是 20 世纪最富有创造性的统计学家之一,是中国最早在概率论与数理统计研究方向达到世界先进水平的杰出数学家. 他加强了强大数定律;研究了中心极限定理中误差大小的精确估计;发展了矩阵变换技巧,得到了高斯 – 马尔可夫模型中方差的最优估计;揭示了线性假设似然比检验的第一个优良性质等. 其研究成果已经成为当代概率论与数理统计理论的重要组成部分,至今"许方法"仍被认为是解决检验问题的最实用方法.

练习 4.1

1. 如果要了解一批灯泡的使用寿命,从中抽取 60 只灯泡进行试验,在这个问题中,样本是_____.

2. 随机观察总体 X,得到一个容量为 10 的样本值:

3.2, 2.5, −2, 2.5, 0, 3, 2, 2.5, 2, 4

求该样本的样本均值和样本方差.

3. 判断对错,请在后面的括号中对的打√,错误的打×:

(1)统计量是样本的函数. （　　）

(2)统计量是随机变量. （　　）

(3)统计量不能含有任何总体参数. （　　）

(4)统计量不能含有未知参数. （　　）

4. 某电话交换台一小时的呼唤次数 X 服从泊松分布 $P(\lambda)$, $X_1, X_2, \cdots, X_n$ 是来自 X 的简单随机样本,求 $X_1, X_2, \cdots, X_n$ 的样本分布.

4.2 常用的统计分布:χ^2 分布、t 分布、F 分布和分位数

节前导读:

前面提到统计量作为样本的函数是随机变量,为了使用统计量对总体进行估计或推断,必须了解统计量服从什么样的分布规律. 为进一步讨论抽样分布,本节介绍几个常用的统计分布. 本节课要求同学们了解 χ^2 分布、t 分布、F 分布的定义,掌握 χ^2 分布、t 分布、F 分布的生成定理,理解分位数的概念.

4.2.1 χ^2分布

定义 4.2.1 如果随机变量 X 的概率密度为

$$\chi^2(x;n) = \begin{cases} \dfrac{1}{2^{\frac{n}{2}}\Gamma\left(\dfrac{n}{2}\right)} \cdot x^{\frac{n}{2}-1} e^{-\frac{x}{2}}, & x > 0, \\ 0, & \text{其他}. \end{cases}$$

则称 X 服从自由度为 n 的 χ^2 分布,记作 $X \sim \chi^2(n)$.

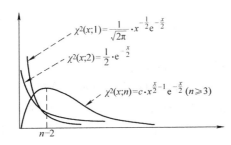

图 4.2.1　几个 χ^2 分布的密度函数图像

下面不加证明地给出 χ^2 分布的几个性质.

定理 4.2.1 (χ^2 分布生成定理)设 $X_1, X_2, \cdots, X_n$ 是取自总体 $N(0,1)$ 的样本,即 $X_1, X_2, \cdots, X_n$ 独立同分布于 $N(0,1)$. 则统计量

$$\chi^2 = X_1^2 + X_2^2 + \cdots + X_n^2 \tag{4.2.1}$$

服从自由度为 n 的 χ^2 分布,记为 $\chi^2 \sim \chi^2(n)$. 这里,自由度是指式(4.2.1)右端所包含的独立变量的个数. 反之,若 $\chi^2 \sim \chi^2(n)$,则 χ^2 与 n 个相互独立的标准正态随机变量的平方和同分布.

定理 4.2.2 若随机变量 $X \sim \chi^2(n)$,则 $EX = n, DX = 2n$.

定理 4.2.3 (χ^2 分布的可加性)若随机变量 $X \sim \chi^2(n)$,$Y \sim \chi^2(m)$ 且它们相互独立,则 $X + Y \sim \chi^2(n+m)$.

定理 4.2.4 设 $X_1, X_2, \cdots, X_n$ 独立同分布于参数为 λ 的指数分布,则

$$2\lambda(X_1 + X_2 + \cdots + X_n) \sim \chi^2(2n).$$

例 4.2.1 设 X_1, X_2, X_3, X_4 是取自 $N(0, \sigma^2)$ 的样本,记

$$Y = a(X_1 - 2X_2)^2 + b(3X_3 - 4X_4)^2$$

求 a, b 使得 Y 服从 χ^2 分布.

解:由题意知,$X_1 - 2X_2 \sim N(0, 5\sigma^2)$,$3X_3 - 4X_4 \sim N(0, 25\sigma^2)$,则

$$\frac{X_1 - 2X_2}{\sqrt{5}\sigma} \sim N(0,1), \frac{3X_3 - 4X_4}{5\sigma} \sim N(0,1) \text{且它们相互独立,所以}$$

$$\frac{1}{5\sigma^2}(X_1 - 2X_2)^2 + \frac{1}{25\sigma^2}(3X_3 - 4X_4)^2 \sim \chi^2(2),$$

因此 $a = \dfrac{1}{5\sigma^2}, b = \dfrac{1}{25\sigma^2}$.

4.2.2　t 分布

定义4.2.2　如果随机变量 X 的概率密度为

$$t(x;n) = \frac{\Gamma\left(\frac{n+1}{2}\right)}{\sqrt{n\pi}\,\Gamma\left(\frac{n}{2}\right)} \cdot (1 + x^2/n)^{-\frac{n+1}{2}}, \quad -\infty < x < +\infty$$

则称 X 服从自由度为 n 的 t 分布,记作 $X \sim t(n)$.

t 分布密度函数图像如图 4.2.2 所示. t 分布的密度函数的图像是一个关于纵轴对称的分布. 与标准正态分布的密度函数形状类似,只是峰比标准正态分布低一些,尾部的概率比标准正态分布大一些. 事实上,由微积分知识可得

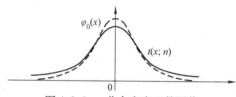

图 4.2.2　t 分布密度函数图像

$$\lim_{n \to \infty} t(x;n) = \frac{1}{\sqrt{2\pi}} e^{-\frac{x^2}{2}}, \quad -\infty < x < +\infty$$

故当 n 足够大时 t 分布近似于 $N(0,1)$ 分布. 但对于较小的 n,t 分布与 $N(0,1)$ 分布相差较大.

定理4.2.5　(t 分布生成定理)设 $X \sim N(0,1)$,$Y \sim \chi^2(n)$. 且 X 与 Y 相互独立. 则称

$$t = \frac{X}{\sqrt{Y/n}}$$

服从自由度为 n 的 t 分布, 记为 $t \sim t(n)$.

要证明 $t \sim t(n)$, 首先求 $Z = \sqrt{\dfrac{Y}{n}}$ 的密度函数,然后利用两个独立随机变量商的密度公式求出 $t = \dfrac{X}{Z}$ 的密度函数即可.

例4.2.2　设随机变量 X 与 Y 相互独立,且 $X \sim N(0,16)$,$Y \sim N(0,9)$ $X_1, X_2, \cdots, X_9$ 与 $Y_1, Y_2, \cdots, Y_{16}$ 分别是取自 X 与 Y 的简单随机样本,求统计量 $Z = \dfrac{X_1 + X_2 + \cdots + X_9}{\sqrt{Y_1^2 + Y_2^2 + \cdots + Y_{16}^2}}$ 所服从的分布.

解:由题意知,$X_1 + X_2 + \cdots + X_9 \sim N(0, 9 \times 16)$,$\dfrac{Y_i}{3} \sim N(0,1)$,

$i = 1, 2, \cdots, 16$, 所以

$$\frac{X_1 + X_2 + \cdots + X_9}{12} \sim N(0,1), \frac{Y_1^2 + Y_2^2 + \cdots + Y_{16}^2}{9} \sim \chi^2(16)$$

因此, 由 t 分布的生成定理, 知

$$\frac{\dfrac{X_1 + X_2 + \cdots + X_9}{12}}{\sqrt{\dfrac{Y_1^2 + Y_2^2 + \cdots + Y_{16}^2}{9} \bigg/ 16}} \sim t(16), \text{ 即}$$

$$Z = \frac{X_1 + X_2 + \cdots + X_9}{\sqrt{Y_1^2 + Y_2^2 + \cdots + Y_{16}^2}} \sim t(16).$$

4.2.3　F 分布

定义 4.2.3　如果随机变量 X 的概率密度为

$$f(x; m, n) = \frac{\Gamma\left(\dfrac{n+m}{2}\right)}{\Gamma\left(\dfrac{m}{2}\right)\Gamma\left(\dfrac{n}{2}\right)} \cdot \frac{m}{n} \cdot \frac{\left(\dfrac{mx}{n}\right)^{\frac{m}{2}-1}}{\left(1 + \dfrac{mx}{n}\right)^{\frac{m+n}{2}}}, \quad x > 0$$

则称 X 服从第一自由度为 m 和第二自由度为 n 的 F 分布 (见图 4.2.3), 记作 $X \sim F(m, n)$.

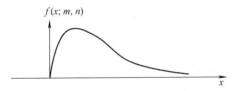

图 4.2.3　F 分布的密度函数图像

定理 4.2.6　(F 分布生成定理) 设 $X \sim \chi^2(m)$, $Y \sim \chi^2(n)$, 且 X 与 Y 相互独立, 则

$$F = \frac{X/m}{Y/n} = \frac{nX}{mY}$$

服从自由度为 (m, n) 的 F 分布, 记为 $F \sim F(m, n)$.

推论 1　设 $X \sim F(m, n)$, 则 $\dfrac{1}{X} \sim F(n, m)$.

推论 2　设 $X \sim t(n)$, 则 $X^2 \sim F(1, n)$.

4.2.4　分位数

设随机变量 X 的分布函数为 $F(x)$, 我们知道对于给定的实数 $x, F(x) = P\{X \leqslant x\}$ 给出了事件 $\{X \leqslant x\}$ 发生的概率. 在统计中, 我们常常需要考虑上述问题的逆问题: 就是若已给定分布函数 $F(x)$ 的值, 亦即已给定事件 $\{X \leqslant x\}$ 发生的概率, 要确定 x 取什么值. 为此

引入如下定义：

定义 4.2.4 设 X 是一随机变量，对给定的常数 $\alpha(0 < \alpha < 1)$，如果存在实数 F_α 满足

$$P\{X \geqslant F_\alpha\} = \alpha$$

则称 F_α 为随机变量 X 的水平为 α 的**上侧分位数（点）**，简称为随机变量 X 的上 α **分位数（点）**.

若 X 有密度 $f(x)$，则 X 的水平为 α 的上侧分位数 F_α 表示 F_α 右侧的一块阴影部分的面积（见图 4.2.4）为 α.

几种常用分布 $N(0,1)$，$\chi^2(n)$，$t(n)$，$F(m,n)$ 的分位数都可以查表得到. 其中 $N(0,1)$ 是通过分布函数表 $\Phi(x)$ 反过来查而获得，而其他几个分布，则给出几个 α 的常用值，如 $\alpha = 0, 0.25, 0.05$，$0.1, 0.9, 0.95, 0.975$ 等，列出相应分布对应 α 值的分位点. 下面举几个分位数求解的例子.

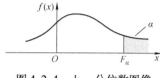

图 4.2.4 上 α 分位数图像

例 4.2.3 标准正态分布 $N(0,1)$ 的上 α 分位数记作 u_α，对于 $\alpha = 0.05$，求 $u_\alpha, u_{\frac{\alpha}{2}}, u_{1-\alpha}, u_{1-\frac{\alpha}{2}}$.

解：由定义可知，$\Phi_0\{u_\alpha\} = 1-\alpha$，查标准正态分布表得，$u_{0.05} = 1.645$，$u_{0.025} = 1.96$，由标准正态分布的对称性，知道 $u_{1-\alpha} = -u_\alpha$（请自行证明），所以 $u_{0.95} = -u_{0.05} = -1.645$，$u_{0.975} = -u_{0.025} = -1.96$.

例 4.2.4 自由度为 n 的 t 分布的上 α 分位数记作 $t_\alpha(n)$，对于 $\alpha = 0.05$，$n = 10$，求 $t_\alpha(n), t_{\frac{\alpha}{2}}(n), t_{1-\alpha}(n), t_{1-\frac{\alpha}{2}}(n)$.

解：查表得，$t_{0.05}(10) = 1.812$，$t_{0.025}(10) = 2.228$，由 t 分布的对称性，知道

$$t_{0.95}(10) = -t_{0.05}(10) = -1.812, t_{0.975}(10) = -t_{0.025}(10) = -2.228.$$

例 4.2.5 自由度为 n 的 χ^2 分布的上 α 分位数记作 $\chi^2_\alpha(n)$，对于 $\alpha = 0.05$，$n = 9$，求 $\chi^2_\alpha(n), \chi^2_{\frac{\alpha}{2}}(n), \chi^2_{1-\alpha}(n), \chi^2_{1-\frac{\alpha}{2}}(n)$.

解：查表得，

$$\chi^2_\alpha(9) = \chi^2_{0.05}(9) = 16.919,$$

$$\chi^2_{\frac{\alpha}{2}}(9) = \chi^2_{0.025}(9) = 19.023;$$

$$\chi^2_{1-\alpha}(9) = \chi^2_{0.95}(8) = 3.325,$$

$$\chi^2_{1-\frac{\alpha}{2}}(9) = \chi^2_{0.975}(9) = 2.700.$$

例 4.2.6 自由度为 m, n 的 F 分布的上 α 分位数记作 $F_\alpha(m,n)$，对于 $\alpha = 0.05$，$m = 5$，$n = 10$，求 $F_\alpha(m,n), F_{\frac{\alpha}{2}}(m,n)$.

解：查表得，

$$F_\alpha(5,10) = F_{0.05}(5,10) = 3.33,$$

$$F_{\alpha/2}(5,10) = F_{0.025}(5,10) = 4.24.$$

课外拓展：

戈塞特早先在牛津学习数学和化学,成绩优秀. 后来成为一家酿酒公司的酿造化学技师,从事统计和实验工作. 为了使酿造的啤酒质量能满足消费者的要求,需要获得优良的麦子(啤酒原料)品种,所以他经常与农业试验打交道. 由于供酿酒的每批麦子质量相差很大,而同一批麦子中能抽样供试验的麦子又很少,每批样本在不同的温度下做实验,其结果相差很大,再加上英格兰和爱尔兰的可耕地甚少,迫使他关注小样本研究. 戈塞特 1908 年导出了以小样本代替大样本研究的 t 分布理论,他发表该结果时,酒厂老板认为 t 分布是商业机密,不让戈塞特用其真名发表,他就用了笔名 "Student",所以 t 分布也叫作 Student 分布. t 分布理论及 t 分布已成为当今统计上应用最广泛、最基本的方法之一.

我们应该学习戈塞特的这种创新精神,为我们祖国的繁荣富强做出贡献.

W. S. 戈塞特
（W. S. Gosset　1876—1937）
图　4.2.5

练习4.2

1. 设随机变量 $X \sim t(n)(n>1)$,$Y = \dfrac{1}{X^2}$,则(　　).

(A)$Y \sim \chi^2(n)$ 　　　　　(B)$Y \sim \chi^2(n-1)$

(C)$Y \sim F(n,1)$ 　　　　　(D)$Y \sim F(1,n)$

2. 设随机变量 X 服从标准正态分布 $N(0,1)$,对给定的常数 $\alpha(0<\alpha<1)$,如果存在实数 u_α 满足 $P\{X>u_\alpha\}=\alpha$,若 $P\{|X|<x\}=\alpha$,则 x 等于(　　).

(A)$u_{\frac{\alpha}{2}}$ 　　(B)$u_{1-\frac{\alpha}{2}}$ 　　(C)$u_{\frac{1-\alpha}{2}}$ 　　(D)$u_{1-\alpha}$

3. 若 $\chi_1^2 \sim \chi^2(n_1)$,$\chi_2^2 \sim \chi^2(n_2)$,且 χ_1^2 与 χ_2^2 相互独立,则下列结论正确的是(　　).

(A)$D(\chi_1^2+\chi_2^2)=n_1^2+n_2^2$ 　　(B)$D(\chi_1^2+\chi_2^2)=n_1+n_2$

(C)$D(\chi_1^2+\chi_2^2)=n_1^2-n_2^2$ 　　(D)$D(\chi_1^2+\chi_2^2)=2(n_1+n_2)$

4.3　抽样分布:正态总体的抽样分布、非正态总体的抽样分布

节前导读:

在实际问题中,有时需要对总体未知的重要数字特征或总体中

的未知参数进行统计推断,这类问题叫作参数统计推断. 为进行参数统计推断,需利用样本构造出合适的统计量或枢轴量,并使其服从或渐近服从某种分布,这种统计量或枢轴量的分布称为抽样分布. 能精确求出抽样分布的统计推断叫作小样本统计推断,把样本容量趋于无穷大时的极限分布作为抽样分布的近似分布的统计推断,叫作大样本统计推断. 本节学习正态总体下常见统计量的抽样分布和非正态总体下常见统计量的近似分布,重点掌握正态总体下常见统计量的抽样分布.

4.3.1　正态总体的抽样分布

在概率统计问题中,正态分布占据着十分重要的地位,这是因为许多随机变量的概率分布或者是正态分布,或者接近于正态分布. 此外,正态分布有许多优良性质,便于进行较深入的理论研究. 因此,我们着重讨论一下正态总体下的抽样分布,其中最重要的统计量自然是样本均值 $\overline{X}$ 和样本方差 S^2.

设总体 X 的均值为 μ,方差为 σ^2, $X_1, X_2, \cdots, X_n$ 是取自 X 的一个样本, $\overline{X}$ 与 S^2 分别为该样本的样本均值与样本方差, 则有:

$$E(\overline{X}) = \mu, D(\overline{X}) = \frac{1}{n}\sigma^2 \text{ 而 } E(S^2) = E\left[\frac{1}{n-1}\left(\sum_{i=1}^{n} X_i^2 - n\overline{X}^2\right)\right] =$$

$$\frac{1}{n-1}\left[\sum_{i=1}^{n} E(X_i^2) - nE(\overline{X})^2\right] = \sigma^2.$$

所以,得到下面与正态总体有关的几个重要统计量的分布规律:

定理 4.3.1　设总体 $X \sim N(\mu, \sigma^2)$, $X_1, X_2, \cdots, X_n$ 是取自 X 的一个样本, $\overline{X}$ 与 S^2 分别为该样本的样本均值与样本方差, 则有

$$(1)\overline{X} \sim N\left(\mu, \frac{\sigma^2}{n}\right); \quad (2)U = \frac{\overline{X} - \mu}{\sigma/\sqrt{n}} \sim N(0,1).$$

例 4.3.1　设 2020 年全国居民收入 $X \sim N(\mu, \sigma^2)$,若要求至少 95% 的概率保证偏差 $|\overline{X} - \mu| \leq 10$,试问当 $\sigma^2 = 2500$ 时,最少要调查多少户居民?

解:由题意知, $\overline{X} \sim N\left(\mu, \frac{\sigma^2}{n}\right)$,所以

$$P\{|\overline{X} - \mu| \leq 10\} \geq 0.95 \Leftrightarrow 2\Phi_0\left(\frac{10}{\sigma/\sqrt{n}}\right) - 1 \geq 0.95,\text{即 } \Phi_0\left(\frac{10}{\sigma/\sqrt{n}}\right) \geq 0.975.$$

通过查概率分布表,知 $n \geq \left(1.96 \times \frac{\sigma}{10}\right)^2 = \left(1.96 \times \frac{50}{10}\right)^2 = 96.04$,所以最少要调查 97 户居民.

定理 4.3.2　设总体 $X \sim N(\mu, \sigma^2)$, $X_1, X_2, \cdots, X_n$ 是取自 X 的一个样本, $\overline{X}$ 与 S^2 分别为该样本的样本均值与样本方差, 则有

$$(1)\chi^2 = \frac{n-1}{\sigma^2}S^2 = \frac{1}{\sigma^2}\sum_{i=1}^{n}(X_i - \overline{X})^2 \sim \chi^2(n-1); \quad (2)\overline{X} \text{ 与 } S^2$$

相互独立.

证明略.

定理 4.3.3　设总体 $X \sim N(\mu, \sigma^2)$，$X_1, X_2, \cdots, X_n$ 是取自 X 的一个样本，$\overline{X}$ 与 S^2 分别为该样本的样本均值与样本方差，则有

$$(1)\ \chi^2 = \frac{1}{\sigma^2} \sum_{i=1}^{n} (X_i - \mu)^2 \sim \chi^2(n);\quad (2)\ T = \frac{\overline{X} - \mu}{S / \sqrt{n}} \sim t(n-1).$$

证明：(1) 由已知条件，知 $\dfrac{X_i - \mu}{\sigma} \sim N(0,1)$，$i = 1,2,\cdots,n$ 且它们相互独立，所以 $\sum\limits_{i=1}^{n} \left(\dfrac{X_i - \mu}{\sigma} \right)^2 \sim \chi^2(n)$，即

$$\chi^2 = \frac{1}{\sigma^2} \sum_{i=1}^{n} (X_i - \mu)^2 \sim \chi^2(n).$$

(2) 由定理 4.3.1 和定理 4.3.2 知

$$\frac{n-1}{\sigma^2} S^2 = \frac{1}{\sigma^2} \sum_{i=1}^{n} (X_i - \overline{X})^2 \sim \chi^2(n-1), \quad U = \frac{\overline{X} - \mu}{\sigma / \sqrt{n}} \sim N(0,1).$$

$\overline{X}$ 与 S^2 相互独立，所以

$$\frac{\dfrac{\overline{X} - \mu}{\sigma / \sqrt{n}}}{\sqrt{\dfrac{n-1}{\sigma^2} S^2 / (n-1)}} = \frac{\overline{X} - \mu}{S / \sqrt{n}} \sim t(n-1).$$

例 4.3.2　总体 $X \sim N(100,15)$，$(X_1, X_2, \cdots, X_{15})$ 与 $(Y_1, Y_2, \cdots, Y_5)$ 是其两个独立的样本，求 $|\overline{X} - \overline{Y}|$ 大于 4 的概率.

解：由定理 4.3.1 知，两个样本均值 $\overline{X}, \overline{Y}$ 都服从正态分布

$$\overline{X} \sim N(100,1), \quad \overline{Y} \sim N(100,3),$$

同时，两个相互独立的正态分布的随机变量之差仍服从正态分布

$$\overline{X} - \overline{Y} \sim N(0, 2^2),$$

所求的概率

$$
\begin{aligned}
P\{ |\overline{X} - \overline{Y}| > 4 \} &= P\left\{ \left| \frac{(\overline{X} - \overline{Y}) - 0}{2} \right| > 2 \right\} \\
&= 1 - P\left\{ \left| \frac{\overline{X} - \overline{Y}}{2} \right| \leqslant 2 \right\} \\
&= 1 - P\left\{ -2 \leqslant \frac{\overline{X} - \overline{Y}}{2} \leqslant 2 \right\} \\
&= 1 - \left[\varPhi_0(2) - \varPhi_0(-2) \right] \\
&= 2[1 - \varPhi_0(2)] \\
&= 2[1 - 0.97725] = 0.0455.
\end{aligned}
$$

故两样本之差的绝对值 $|\overline{X} - \overline{Y}|$ 大于 4 的概率为 0.0455.

定理 4.3.4　设样本 $X_1, X_2, \cdots, X_{n_1}$ 和 $Y_1, Y_2, \cdots, Y_{n_2}$ 分别来自正态总体 $X \sim N(\mu_1, \sigma_1^2)$ 和 $Y \sim N(\mu_2, \sigma_2^2)$，且两个样本相互独立，记

$\overline{X}, \overline{Y}$ 分别是样本 $X_1, X_2, \cdots, X_{n_1}$ 和 $Y_1, Y_2, \cdots, Y_{n_2}$ 的样本均值,S_1^2, S_2^2 分别是样本 $X_1, X_2, \cdots, X_{n_1}$ 和 $Y_1, Y_2, \cdots, Y_{n_2}$ 的样本方差,则有

(1) $\dfrac{(\overline{X} - \overline{Y}) - (\mu_1 - \mu_2)}{\sqrt{\sigma_1^2/n_1 + \sigma_2^2/n_2}} \sim N(0,1)$;

(2) 若 $\sigma_1 = \sigma_2 = \sigma$,令 $S_{12}^2 = \dfrac{(n_1-1)S_1^2 + (n_2-1)S_2^2}{n_1 + n_2 - 2}$,则

$$\dfrac{(\overline{X} - \overline{Y}) - (\mu_1 - \mu_2)}{S_{12}\sqrt{1/n_1 + 1/n_2}} \sim t(n_1 + n_2 - 2).$$

证明:(1) 由已知条件,知 $\overline{X} - \overline{Y} \sim N(\mu_1 - \mu_2, \sigma_1^2/n_1 + \sigma_2^2/n_2)$,所以

$$\dfrac{(\overline{X} - \overline{Y}) - (\mu_1 - \mu_2)}{\sqrt{\sigma_1^2/n_1 + \sigma_2^2/n_2}} \sim N(0,1).$$

(2) 由已知条件,知 $\dfrac{n_1-1}{\sigma^2}S_1^2 \sim \chi^2(n_1-1)$,$\dfrac{n_2-1}{\sigma^2}S_1^2 \sim \chi^2$ (n_2-1),所以由 χ^2 分布的可加性,$\dfrac{(n_1-1)S_1^2 + (n_2-1)S_2^2}{\sigma^2} \sim \chi^2$ $(n_1 + n_2 - 2)$,因此由 t 分布的生成定理知,

$$\dfrac{(\overline{X} - \overline{Y}) - (\mu_1 - \mu_2)}{S_{12}\sqrt{1/n_1 + 1/n_2}} \sim t(n_1 + n_2 - 2).$$

定理 4.3.5 设样本 $X_1, X_2, \cdots, X_{n_1}$ 和 $Y_1, Y_2, \cdots, Y_{n_2}$ 分别来自正态总体 $X \sim N(\mu_1, \sigma_1^2)$ 和 $Y \sim N(\mu_2, \sigma_2^2)$,且两个样本相互独立,记 S_1^2, S_2^2 分别是样本 $X_1, X_2, \cdots, X_{n_1}$ 和 $Y_1, Y_2, \cdots, Y_{n_2}$ 的样本方差,则有

$$F = \dfrac{\sigma_2^2}{\sigma_1^2} \cdot \dfrac{S_1^2}{S_2^2} \sim F(n_1 - 1, n_2 - 1).$$

证明:由已知条件,知 $\dfrac{n_1-1}{\sigma_1^2}S_1^2 \sim \chi^2(n_1-1)$,$\dfrac{n_2-1}{\sigma_2^2}S_1^2 \sim \chi^2$ (n_2-1),所以由 F 分布的生成定理,得 $F = \dfrac{\sigma_2^2}{\sigma_1^2} \cdot \dfrac{S_1^2}{S_2^2} \sim F(n_1 - 1,$ $n_2 - 1)$.

4.3.2 非正态总体的抽样分布

上面讨论的抽样分布都是在总体为正态分布这一基本假设下得到的. 有时在实际中,我们并不知道总体是否服从正态分布,此时如何给出常见统计量的抽样分布呢? 对此,我们有如下结论:

定理 4.3.6 设样本 $X_1, X_2, \cdots, X_n$ 来自总体 X,记 $\overline{X}$ 和 S^2 分别表示样本均值和样本方差,若 $EX = \mu, DX = \sigma^2$ 都存在,且 $\sigma > 0$,则当样本容量 n 充分大时,有

(1) $U_n = \dfrac{\overline{X} - \mu}{\sigma/\sqrt{n}}$ 近似服从 $N(0,1)$;

（2）$T_n = \dfrac{\overline{X} - \mu}{S/\sqrt{n}}$ 近似服从 $N(0,1)$.

证明略.

练习 4.3

1. 设简单随机样本 $X_1, X_2, \cdots, X_n$ 来自标准正态总体 $N(0,1)$，记 $\overline{X}$ 和 S^2 分别表示样本均值和样本方差，则（　　）.

（A）$n\overline{X} \sim N(0,1)$ 　　　　（B）$nS^2 \sim \chi^2(n)$

（C）$\dfrac{(n-1)\overline{X}}{S} \sim t(n-1)$ 　　（D）$\dfrac{(n-1)X_1^2}{\sum\limits_{i=2}^{n} X_i^2} \sim F(1, n-1)$

2. 设简单随机样本 $X_1, X_2, \cdots, X_n$ 来自正态总体 $N(\mu, \sigma^2)$，记 $\overline{X}$ 是样本均值，则 $P\{|\overline{X} - \mu| < \sigma\}$（　　）.

（A）与 σ 有关 　　　　（B）与 μ 有关

（C）与 n 有关 　　　　　（D）为一常数

本章小结

本章详细讨论了总体、样本及统计量的概念，值得注意的是样本方差定义为

$$S^2 = \frac{1}{n-1}\sum_{i=1}^{n} (X_i - \overline{X})^2.$$

了解 χ^2 分布、t 分布、F 分布的定义，掌握 χ^2 分布、t 分布、F 分布的生成定理，理解分位数的概念. 对于标准正态分布、χ^2 分布、t 分布、F 分布的上侧 α 分位数会查相应的数值表.

重点掌握正态总体下常见统计量的分布.

重要术语

总体与个体　简单随机样本　统计量　样本均值　样本方差　样本矩　顺序统计量　χ^2 分布　t 分布　F 分布

习题 4

1. 为了考查概率论与数理统计课程期末考试的情况，抽查了 200 名学生的成绩，在这个问题中，下面说法错误的是（　　）.

（A）总体是被抽查的 200 名学生

（B）个体是每一个学生的成绩

（C）样本是 200 名学生的成绩

（D）样本容量是 200

2. 某种电灯泡的寿命 X 服从指数分布 $E(\lambda)$, $X_1, X_2, \cdots, X_n$ 是来自 X 的简单随机样本,求 $X_1, X_2, \cdots, X_n$ 的样本分布.

3. 设简单随机样本 $X_1, X_2, \cdots, X_{2n}(n \geqslant 2)$ 来自正态总体 $N(\mu, \sigma^2)$,样本均值为 $\overline{X}$. $Y = \sum_{i=1}^{n} (X_i + X_{n+i} - 2\overline{X})^2$

求 $E(Y)$.

4. 设 $X_1, \cdots, X_6$ 是来自总体 $N(0,1)$ 的简单随机样本,又设
$$Y = (X_1 + X_2 + X_3)^2 + (X_4 + X_5 + X_6)^2.$$
试求常数 C,使 CY 服从 χ^2 分布.

5. 设 $X \sim N(21, 2^2)$, $X_1, X_2, \cdots, X_{25}$ 为 X 的一个简单随机样本. 求:

(1)样本均值 $\overline{X}$ 的数学期望与方差;(2)概率 $P\{|\overline{X} - 21| \leqslant 0.24\}$.

6. 已知 $X_1, X_2, \cdots, X_n$ 为来自总体 $X \sim N(\mu, \sigma^2)$ 的简单随机样本,
$\overline{X} = \dfrac{1}{n} \sum_{i=1}^{n} X_i$, $S = \sqrt{\dfrac{1}{n-1} \sum_{i=1}^{n} (X_i - \overline{X})^2}$, $S^* = \sqrt{\dfrac{1}{n-1} \sum_{i=1}^{n} (X_i - \mu)^2}$,
则(   ).

(A) $\dfrac{\sqrt{n}(\overline{X} - \mu)}{S} \sim t(n)$ (B) $\dfrac{\sqrt{n}(\overline{X} - \mu)}{S} \sim t(n-1)$

(C) $\dfrac{\sqrt{n}(\overline{X} - \mu)}{S^*} \sim t(n)$ (D) $\dfrac{\sqrt{n}(\overline{X} - \mu)}{S^*} \sim t(n-1)$

7. 设 $X_1, X_2, \cdots, X_n(n \geqslant 2)$ 为来自总体 $N(\mu, 1)$ 的简单随机样本,记 $\overline{X} = \dfrac{1}{n} \sum_{i=1}^{n} X_i$,则下列结论不正确的是(   ).

(A) $\sum_{i=1}^{n} (X_i - \mu)^2$ 服从 χ^2 分布

(B) $2(X_n - X_1)^2$ 服从 χ^2 分布

(C) $\sum_{i=1}^{n} (X_i - \overline{X})^2$ 服从 χ^2 分布

(D) $n(\overline{X} - \mu)^2$ 服从 χ^2 分布

第5章
参数估计与假设检验

在报纸、杂志、电视新闻上和我们的日常生活中经常可以看到调查结果和其他具有统计性的报道. 虽然它们的结论是各式各样的,但都是经过统计研究得出的. 比如,对以下问题的回答:

(1)女体操运动员的平均年龄是多少?

(2)我们班同学《概率论与数理统计》课程的期末成绩的波动性有多大?

上述问题中的平均年龄和成绩的波动性都是总体参数. **总体参数**在原理上是可以从整个总体中计算出来的数. 我们常见的总体参数包括总体均值 μ、总体标准差 σ 等.

当某项研究的结果使人感兴趣时,研究者就会超越样本数据去找到一些样本所属总体的结论. 他们想知道如果调查了总体中的全部元素将会得到什么样的结果,比如要得到上述第一个问题的答案,研究者会去询问和记录每一个女体操运动员的年龄吗? 回答是否定的,因为这一过程所需的时间和金钱是难以承受的,更别说一般情况下根本没办法搜集到总体中的全部元素,那怎么办呢?

研究者的做法是用样本的平均来了解总体的平均. 这就是统计学中的统计推断. **统计推断**是一个过程,它能从样本数据得出与总体参数值有关的结论. 它由两部分组成:参数估计和假设检验. 我们先讨论参数估计,再讨论假设检验.

5.1 点估计:定义、求法(矩估计、最大似然估计)和评价标准

节前导读:

假设你正在研究全国女体操运动员的平均年龄. 报告研究结果的方法有以下两种:"12.3"或者"12.1 到 12.5 之间",请考虑它们各自的优缺点. 这两种结果代表了估计总体参数时所用的两种不同的方式. 本节学习点估计,理解点估计值和点估计量的概念,掌握两种点估计的方法:矩估计和最大似然估计,了解评价估计量优劣的标准.

5.1.1 点估计

最简单的是点估计,像 12.3 岁这个结果就是个点估计值. **点估计值**是用来估计总体参数的数. **点估计量**是用来估计总体参数的一个样本的函数即样本统计量.

定义 5.1.1 设 $X_1, X_2, \cdots, X_n$ 是总体 X 的一个样本,$x_1, x_2, \cdots, x_n$ 为相应的样本值,θ 是与总体有关的一个未知参数. 为估计未知参数 θ 而将 $X_1, X_2, \cdots, X_n$ 加工成的统计量称为 θ 的**估计量**,估计量在抽样后的每一个具体取值都称为 θ 的**估计值**. 估计量和估计值统称为 θ 的点估计,在不引起混淆的情况下,都记为 $\hat{\theta}$.

例 5.1.1 为估计某款手机的理论待机时间 θ. 现随机抽取 9 部该款新手机. 测得实际待机时间分别为:(单位:h)

$$168, 130, 169, 143, 174, 198, 108, 212, 252.$$

请问如何估计 θ 的值?

解:为了解某款手机的理论待机时间 θ. 因为这种测试试验具有破坏性,所以不可能每部手机都去测试,一个自然的想法是通过样本的待机时间来估计总体的待机时间.

我们知道数据的平均数可以是均值也可以是中位数,所以本题有如下两种方式估计 θ 的值 $\hat{\theta}$:

(1) $\hat{\theta} = \bar{X} \to \hat{\theta} = 172.7$; (2) $\hat{\theta} = X_{(5)} \to \hat{\theta} = 169$.

那么现在一个自然的问题是:一般地,如何构造未知参数 θ 的点估计? 如何选择最优的点估计? 下面我们针对这两个问题分别进行介绍.

5.1.2 矩估计

矩估计,即矩估计法,也称"矩法估计",就是利用样本矩来估计总体矩.

矩法是由英国统计学家卡尔·皮尔逊(Karl·Pearson,1857—1936)在 19 世纪末根据大数定理提出的. 用样本矩估计相应的总体矩,用样本矩的函数估计相应的总体矩的函数. 利用矩法基本思想构造的点估计称为**矩估计**,记作 ME(Moment Estimate). 即

用样本 k 阶原点矩 $\dfrac{1}{n}\sum_{i=1}^{n} X_i^k$ 估计总体 k 阶原点矩 EX^k,用样本 k 阶中心矩 $\dfrac{1}{n}\sum_{i=1}^{n} (X_i - \bar{X})^k$ 估计总体 k 阶中心矩 $E(X - EX)^k$.

例 5.1.2 自动车床加工某种零件,零件的长度 X 服从正态分布 $N(\mu, \sigma^2)$. 要从中获得一个容量为 16 的简单随机样本 $X_1, X_2, \cdots, X_{16}$,(1)请给出总体均值和方差的矩估计量;(2)若现在在加工过程中随机抽取了 16 件的长度值为:(单位:mm)(见表 5.1.1).

表　5.1.1

12.14	12.12	12.01	12.28	12.09	12.16	12.03	12.01
12.06	12.13	12.07	12.11	12.08	12.01	12.03	12.06

请在问题(1)的基础上给出总体均值和方差的矩估计值.

解: 由题意知, $EX = \mu, DX = E(X - EX)^2 = \sigma^2$, 所以 μ, σ^2 的矩估计量分别是

$$\hat{\mu} = \overline{X} = \frac{1}{16}\sum_{i=1}^{16} X_i, \hat{\sigma}^2 = \frac{1}{16}\sum_{i=1}^{16} (X_i - \overline{X})^2.$$

所以其点估计值为 $\hat{\mu} = \overline{x} = \frac{1}{16}(12.14 + 12.12 + \cdots + 12.06) \approx 12.09 \text{mm}$,

$$\hat{\sigma}^2 = \frac{1}{16}\sum_{i=1}^{16} (x_i - \overline{x})^2 = 0.0047 \text{mm}^2.$$

按照矩法估计的基本思想求矩估计的一般步骤为:

第一步　利用总体分布 $X \sim f(x; \theta_1, \theta_2)$, 计算总体矩

$$\alpha_1 = EX, \alpha_2 = EX^2 \text{ 或 } \beta_2 = DX;$$

第二步　将未知参数表示为总体矩的函数 $\theta_k = g_k(\alpha_1, \alpha_2, \beta_2), k = 1, 2$;

第三步　用样本矩分别替换对应的总体矩, 即得到矩估计

$$\hat{\theta}_k = g_k(A_1, A_2, B_2), k = 1, 2.$$

例 5.1.3　设总体 X 的概率密度为 $f(x; \theta, \mu) = $

$\begin{cases} \dfrac{1}{\theta} e^{-\frac{x-\mu}{\theta}}, & x \geq \mu \\ 0, & x < \mu \end{cases}$ $(\theta > 0)$, 利用总体 X 的样本 $X_1, X_2, \cdots, X_n$, 求未

知参数 θ, μ 的矩估计量.

解: 第一步　求总体 X 的原点矩:

$$EX = \int_{\mu}^{\infty} x \frac{1}{\theta} e^{-\frac{x-\mu}{\theta}} dx = \theta + \mu, EX^2 = \int_{\mu}^{\infty} x^2 \frac{1}{\theta} e^{-\frac{x-\mu}{\theta}} dx = \theta^2 + (\theta + \mu)^2$$

所以, $DX = EX^2 - (EX)^2 = \theta^2$.

第二步　将未知参数表示为总体矩的函数:

$$\theta = \sqrt{DX}, \mu = EX - \sqrt{DX}.$$

第三步　用样本矩分别替换对应的总体矩, 得所求矩估计为

$$\hat{\theta}_{ME} = \sqrt{\frac{1}{n}\sum_{n=1}^{n} (X_i - \overline{X})^2} = \sqrt{S_0^2} = S_0, \hat{\mu}_{ME} = \overline{X} - \sqrt{S_0^2} = \overline{X} - S_0.$$

5.1.3　最大似然估计(极大似然估计)

一对猎人师傅和徒弟去森林里打猎, 只听"嘭"的一声, 两人同时射出一枪, 一只野兔应声倒地, 但是野兔只中一枪, 你认为野兔中这一枪是师傅射中的还是徒弟射中的? 我相信很多人都会说"是师傅射中的". 这是因为师傅技术娴熟, 射中野兔的概率大. 这就是

最大似然估计的思想,参数 θ 的最大似然估计值就是使得样本观测值出现的概率达到最大的那个 θ 值,记作 $\hat{\theta}_{\text{MLE}}$.

例 5.1.4 设盒中有 4 个球(黑或白),取出白球的概率为 p,两次取球,每次取一球(放回),取出的球的颜色是(黑,白),求 p 的最大似然估计 $\hat{p}_{\text{MLE}}$.

解: ▫▪ ⟶ ●,白球个数的所有可能情况:1 白 3 黑,2 白 2 黑,3 白 1 黑. 相应的 p 及(黑,白)出现的概率如表 5.1.2 所示.

让 p 变动,使得(黑,白)出现的概率最大的是 $p = \dfrac{1}{2}$,所以,p 的最大似然估计 $\hat{p}_{\text{MLE}} = \dfrac{1}{2}$.

另解: 由题意,知白球个数为 $4p$,黑球个数为 $4(1-p)$,所以

$$P\{(\text{黑},\text{白})\} = \frac{C_{4p}^1 \cdot C_{4(1-p)}^1}{4 \times 4} = \frac{4p \cdot 4(1-p)}{16} = p(1-p) \triangleq L(p)$$

下面求 $L(p)$ 的最大值点,由对数函数的单调性,知道 $L(p)$ 与 $\ln L(p)$ 的最大值点是一样的,所以转换成求 $\ln L(p) = \ln p + \ln(1-p)$ 的最大值点(这样转换的好处是在求导数时,和的法则要比乘积法则简单些).

解 $\dfrac{\mathrm{d}\ln L(p)}{\mathrm{d}p} = \dfrac{1}{p} - \dfrac{1}{1-p} = 0$,得 p 的最大似然估计 $\hat{p}_{\text{MLE}} = \dfrac{1}{2}$.

一般地,设总体 X 的分布类型已知,但分布中含有未知参数 θ. 设参数的取值范围已知,记作 Θ,称为**参数空间**. 设 $X_1, X_2, \cdots, X_n$ 是总体 X 的一个简单随机样本,$x_1, x_2, \cdots, x_n$ 为相应的样本值,令 $A = \{X_1 = x_1, X_2 = x_2, \cdots, X_n = x_n\}$.

(1)若总体 X 是离散型随机变量,其分布律是 $P\{X = a_i\} = f(a_i; \theta)$,$i = 1, 2, \cdots$ 则

$$\begin{aligned} P(A) &= P\{X_1 = x_1, X_2 = x_2, \cdots, X_n = x_n\} \\ &= P\{X_1 = x_1\}P\{X_2 = x_2\}\cdots P\{X_n = x_n\} \\ &= \prod_{i=1}^{n} f(x_i; \theta) = L(\theta), \theta \in \Theta. \end{aligned}$$

(2)若总体 X 是连续型随机变量,其密度函数为 $f(x; \theta)$,则

$$f(x_1, x_2 \cdots, x_n) = f_{X_1}(x_1)f_{X_2}(x_2)\cdots f_{X_n}(x_n)$$

$$= \prod_{i=1}^{n} f(x_i; \theta) = L(\theta), \theta \in \Theta.$$

上述函数 $L(\theta)$ 称为**似然函数**,$\ln L(\theta)$ 称为**对数似然函数**.

按照最大似然思想构造的点估计称为最大似然估计,记作 MLE(Maximum Likelihood Estimate),其求法步骤为:

表 **5.1.2**

p	$P\{(\text{黑},\text{白})\}$
$\dfrac{1}{4}$	$\dfrac{3}{16}$
$\dfrac{1}{2}$	$\dfrac{1}{4}$
$\dfrac{3}{4}$	$\dfrac{3}{16}$

第一步　取定样本值 $x_1, x_2, \cdots, x_n$，构造似然函数 $L(\theta) = \prod_{i=1}^{n} f(x_i; \theta), \theta \in \Theta.$

第二步　求对数似然函数 $\ln L(\theta) = \sum_{i=1}^{n} \ln f(x_i; \theta), \theta \in \Theta.$

第三步　求对数似然函数 $\ln L(\theta) = \sum_{i=1}^{n} \ln f(x_i; \theta)$ 的最大值点，记作 $\hat{\theta}$，即

$$L(\hat{\theta}) = \max_{\theta \in \Theta} L(\theta).$$

其中，$\hat{\theta}$ 是样本值 $x_1, x_2, \cdots, x_n$ 的函数，就是 θ 的最大似然估计值，即可写出相应的最大似然估计量.

例 5.1.5　设总体 $X \sim B(1, p)$，参数 p 未知，$X_1, X_2, \cdots, X_n$ 是来自该总体的一个简单随机样本，求参数 p 的最大似然估计量.

解：由题意，知总体 X 的概率分布为 $P(X = x) = p^x (1-p)^{1-x}$，$x = 0, 1$. 其中，$0 < p < 1$.

第一步　取定样本值 $x_1, x_2, \cdots, x_n$，构造似然函数

$$L(p) = \prod_{i=1}^{n} P\{X_i = x_i\} = \prod_{i=1}^{n} p^{x_i} (1-p)^{1-x_i} = p^{\sum_{i=1}^{n} x_i} (1-p)^{n - \sum_{i=1}^{n} x_i}$$

第二步　求对数似然函数

$$\ln L(p) = \sum_{i=1}^{n} x_i \cdot \ln p + \left(n - \sum_{i=1}^{n} x_i \right) \ln(1-p)$$

第三步　解 $\dfrac{d\ln L(p)}{dp} = \dfrac{\sum_{i=1}^{n} x_i}{p} - \dfrac{\left(n - \sum_{i=1}^{n} x_i \right)}{1-p} = 0$，得 p 的最大似然估计值

$$\hat{p}_{\mathrm{MLE}} = \frac{1}{n} \sum_{i=1}^{n} x_i,$$

因此 p 的最大似然估计量为 $\hat{p}_{\mathrm{MLE}} = \dfrac{1}{n} \sum_{i=1}^{n} X_i.$

例 5.1.6　设总体 $X \sim N(\mu, 1)$，参数 μ 未知，$X_1, X_2, \cdots, X_6$ 是来自该总体的一个样本，其观测值分别是 $86, 98, 99, 101, 106, 110$，求参数 μ 的最大似然估计值.

解：由题意，知总体 X 的概率密度为 $f(x; \mu) = \dfrac{1}{\sqrt{2\pi}} e^{-\frac{(x-\mu)^2}{2}}$，似然函数

$$L(\mu) = \prod_{i=1}^{6} f(x_i; \mu) = (2\pi)^{-3} e^{-\sum_{i=1}^{6} \frac{(x_i - \mu)^2}{2}},$$

对数似然函数

$$\ln L(\mu) = -3 \cdot \ln(2\pi) - \sum_{i=1}^{6} \frac{(x_i - \mu)^2}{2},$$

解 $\dfrac{\mathrm{d}\ln L(\mu)}{\mathrm{d}\mu} = -\sum_{i=1}^{6}(x_i - \mu) = 0$, 得 μ 的最大似然估计值

$$\hat{\mu}_{\mathrm{MLE}} = \frac{1}{6}\sum_{i=1}^{6} x_i = 100.$$

例 5.1.7 设总体 $X \sim U(0,\theta)$, 参数 θ 未知, $X_1, X_2, \cdots, X_n$ 是来自该总体的一个简单随机样本, 其观测值分别是 $x_1, x_2, \cdots, x_n$, $x_i > 0$, $i = 1, 2, \cdots, n$. 求 $\hat{\theta}_{\mathrm{MLE}}$.

解: 由题意, 知总体 X 的概率密度为

$$f(x;\theta) = \begin{cases} \dfrac{1}{\theta}, & x \in (0,\theta), \\ 0, & 其他. \end{cases}$$

故似然函数

$$L(\theta) = \prod_{i=1}^{n} f(x_i;\theta) = \begin{cases} \dfrac{1}{\theta^n}, & x_i \in (0,\theta), i = 1, 2, \cdots, n, \\ 0, & 其他. \end{cases}$$

显然该函数没有驻点, 因为 $x_i \in (0,\theta)$, $i = 1, 2, \cdots, n$, 要使 $L(\theta)$ 达到最大, θ 取 $x_{(n)}$ (样本极大值). 所以, θ 的最大似然估计值为 $\hat{\theta}_{\mathrm{MLE}} = x_{(n)}$, θ 的最大似然估计量为

$$\hat{\theta}_{\mathrm{MLE}} = X_{(n)}.$$

定理 5.1.1 (最大似然估计的不变性) 设 $\hat{\theta}$ 是 θ 的最大似然估计, $u = g(\theta)$ 是 θ 的函数且存在反函数 $\theta = h(u)$, 则 u 的最大似然估计是 $\hat{u} = g(\hat{\theta})$.

证明: 因为对于样本取样本值 $x_1, x_2, \cdots, x_n$ 时, $\hat{\theta}$ 是 θ 的最大似然估计, 等价于说, 当 $\theta = \hat{\theta}$ 时, 这组样本值发生的可能性最大.

另一方面, $\theta = \hat{\theta}$ 当且仅当 $u = g(\hat{\theta})$ (因为反函数存在), 所以当 $u = g(\hat{\theta})$ 时, 样本值 $x_1, x_2, \cdots, x_n$ 出现的概率最大, 即 u 的最大似然估计是 $\hat{u} = g(\hat{\theta})$.

例 5.1.8 设总体 X 服从参数为 λ 的指数分布, 参数 $\lambda > 0$ 未知, $X_1, X_2, \cdots, X_9$ 是来自该总体的一个简单随机样本, 其观测值分别是 $168, 130, 169, 143, 174, 198, 108, 212, 252$, 求概率 $p = P\{X > 173\}$ 的最大似然估计值.

解: 由题意, 知总体 X 的概率密度为 $f(x;\lambda) = \begin{cases} \lambda \mathrm{e}^{-\lambda x}, & x > 0, \\ 0, & x \leqslant 0, \end{cases}$

分布函数为 $\quad F(x;\lambda) = \begin{cases} 1 - \mathrm{e}^{-\lambda x}, & x > 0, \\ 0, & x \leqslant 0. \end{cases}$

似然函数

$$L(\lambda) = \prod_{i=1}^{9} f(x_i;\lambda) = \lambda^9 e^{-\lambda \sum_{i=1}^{9} x_i}, x_i > 0, i = 1,2,\cdots,9.,$$

对数似然函数 $\ln L(\lambda) = 9\ln\lambda - \lambda \sum_{i=1}^{9} x_i,$

解 $\dfrac{\mathrm{d}\ln L(\lambda)}{\mathrm{d}\lambda} = \dfrac{9}{\lambda} - \sum_{i=1}^{9} x_i = 0$,得 λ 的最大似然估计值

$$\hat{\lambda}_{MLE} = \frac{1}{\dfrac{1}{9}\sum_{i=1}^{9} x_i} \approx \frac{1}{173}.$$

又 $p = P\{X > 173\} = 1 - F(173) = e^{-173\lambda}$,所以 $p = P\{X > 173\}$ 的最大似然估计值为

$$\hat{p}_{MLE} = e^{-173\hat{\lambda}_{MLE}} \approx e^{-1} \approx 0.368.$$

学以致用:

二战时期,盟军利用所缴获坦克的编号来估计德军所制造的坦克总数(见图5.1.1),他们是如何做到的?

图 5.1.1

能力提升:

思考与讨论:待估参数的最大似然估计是否一定存在? 若存在,是否唯一?

5.1.4 点估计的评价标准

例5.1.9 设总体 $X \sim U(0,\theta)$,参数 θ 未知,$X_1,X_2,\cdots,X_n$ 是来自该总体的一个样本,求参数 θ 的矩估计量.

解:由题意,知总体 X 的概率密度为

$$f(x;\theta) = \begin{cases} \dfrac{1}{\theta}, & x \in (0,\theta), \\ 0, & \text{其他}, \end{cases}$$

则

$$EX = \int_0^\theta \frac{x}{\theta}\mathrm{d}x = \frac{\theta}{2},$$

所以 $\theta = 2EX$,因此参数 θ 的矩估计量为 $\hat{\theta}_{ME} = 2\overline{X}$.

由上述例 5.1.7，知参数 θ 的最大似然估计量 $\hat{\theta}_{\text{MLE}} = X_{(n)}$.

可以看出两种方法给出的估计是不一样的，那把样本观测值代入计算的估计值也就不同. 由于一个来自样本的特别的估计值绝不会精确地等于总体参数的真值，所以问某一个值是否是好的估计值是没有意义的，而可以问的是计算估计值的方法（估计量）是不是一个好方法.

判断一个估计量的优劣常用的标准有：无偏性、有效性和相合性.

1. 无偏性

下面我们用本节中例 5.1.2 来说明. 假设我们在零件加工过程中做了多次抽取（一次抽 16 件），每一次都可以得到一个样本均值. 同时假设这些抽样都是简单随机抽样，而唯一的误差就是抽样误差. 尽管所有样本都来自同一个总体而且这个总体只有一个固定的均值，这些样本所得到的均值仍然互不相同. 这一现象正是由抽样的随机性引起的.

一个好的估计方法（估计量）可以这样被定义：如果在所有样本上应用该估计方法（估计量），得到的估计值的均值等于总体参数的真值. 这样的估计量被称为**无偏估计**（unbiased estimation），否则称为有偏的（biased estimation）. 用概率论语言描述就是该估计量的均值等于总体被估参数. 比如在例 5.1.2 中，有

$$E(\overline{X}) = E\left(\frac{1}{16}\sum_{i=1}^{16} X_i\right) = \frac{1}{16}\sum_{i=1}^{16} EX_i = \mu$$

故样本均值是总体均值的一个无偏估计，就是一个较好的估计量.

例 5.1.10 设 $X_1, X_2, \cdots, X_n$ 是来自总体 X 的一个简单随机样本，已知 $EX = \mu, DX = \sigma^2$，讨论二阶样本中心矩 $B_2 = \dfrac{1}{n}\sum_{i=1}^{n}(X_i - \overline{X})^2$ 是否是总体方差 σ^2 的无偏估计.

解：已知 $EX = \mu, DX = EX^2 - (EX)^2 = \sigma^2$，则 $EX^2 = \mu^2 + \sigma^2$，

$E\overline{X} = \mu, D\overline{X} = D\left(\dfrac{1}{n}\sum_{i=1}^{n} X_i\right) = \dfrac{1}{n^2}\sum_{i=1}^{n} DX_i = \dfrac{\sigma^2}{n}$，所以 $E\overline{X}^2 = \mu^2 + \dfrac{\sigma^2}{n}$

因此，

$$EB_2 = \frac{1}{n}\sum_{i=1}^{n} E(X_i^2 - 2X_i\overline{X} + \overline{X}^2)$$

$$= \frac{1}{n}\sum_{i=1}^{n}\left[\mu^2 + \sigma^2 - \frac{2}{n}(n\mu^2 + \sigma^2) + \mu^2 + \frac{\sigma^2}{n}\right]$$

$$= \frac{n-1}{n}\sigma^2 \neq \sigma^2$$

所以，二阶样本中心矩 $B_2 = \dfrac{1}{n}\sum_{i=1}^{n}(X_i - \overline{X})^2$ 不是总体方差 σ^2 的无偏估计.

但是 $E \dfrac{nB_2}{n-1} = E \dfrac{1}{n-1} \sum\limits_{i=1}^{n} (X_i - \overline{X})^2 = \sigma^2$，所以样本方差 $S^2 =$

$\dfrac{1}{n-1} \sum\limits_{i=1}^{n} (X_i - \overline{X})^2$ 是总体方差 σ^2 的无偏估计.

注意:(1)有偏估计有时可修正为无偏估计. 例如二阶样本中

心矩 $B_2 = \dfrac{1}{n} \sum\limits_{i=1}^{n} (X_i - \overline{X})^2$ 不是总体方差 σ^2 的无偏估计,但是修

正后的样本方差 $S^2 = \dfrac{1}{n-1} \sum\limits_{i=1}^{n} (X_i - \overline{X})^2$ 是总体方差 σ^2 的无偏估

计.

（2）无偏估计的函数未必还是无偏的. 例如样本方差 $S^2 =$

$\dfrac{1}{n-1} \sum\limits_{i=1}^{n} (X_i - \overline{X})^2$ 是总体方差 σ^2 的无偏估计,但是 $S =$

$\sqrt{\dfrac{1}{n-1} \sum\limits_{i=1}^{n} (X_i - \overline{X})^2}$ 不是总体标准差 σ 的无偏估计.

2. 有效性

定义 5.1.2　设 $\hat{\theta}_1$ 和 $\hat{\theta}_2$ 为未知参数 θ 的两个无偏估计量,若 $D(\hat{\theta}_1) < D(\hat{\theta}_2)$,则称 $\hat{\theta}_1$ 比 $\hat{\theta}_2$ 有效.

例如,当我们用总体 X 的简单随机样本 $X_1, X_2, \cdots, X_n$ 估计总体均值 μ 时,X_1 和 $\overline{X}$ 都是 μ 的无偏估计,显然 $\overline{X}$ 更有效.

例 5.1.11　设总体 X 服从参数为 $\dfrac{1}{\theta}$ 的指数分布,参数 $\theta > 0$ 未知,$X_1, X_2, \cdots, X_n (n > 1)$ 是来自该总体的一个简单随机样本,证明:样本均值 $\overline{X}$ 和 $nX_{(1)} = n \cdot \min\{X_1, X_2, \cdots, X_n\}$ 都是 θ 的无偏估计量,进一步说明谁更有效?

证明:由题意知,$EX = E\overline{X} = \theta$,$X$ 的分布函数为 $F(x) = 1 -$

$\mathrm{e}^{-\frac{x}{\theta}}, x > 0$,所以 $X_{(1)}$ 的分布函数 $F_{X_{(1)}}(z) = 1 - [1 - F(z)]^n = 1 -$

$\mathrm{e}^{-\frac{nz}{\theta}}(z > 0)$,即 $X_{(1)}$ 服从参数为 $\dfrac{n}{\theta}$ 的指数分布,所以 $EX_{(1)} = \dfrac{\theta}{n}$,即

$E[nX_{(1)}] = \theta$. 所以,样本均值 $\overline{X}$ 和 $nX_{(1)} = n \cdot \min\{X_1, X_2, \cdots, X_n\}$

都是 θ 的无偏估计量. 又 $D\overline{X} = \dfrac{1}{n}DX = \dfrac{\theta^2}{n}, D(nX_{(1)}) = \theta^2$,所以样本

均值 $\overline{X}$ 更有效.

例 5.1.12　设总体 X,且 $EX = \mu, DX = \sigma^2 (\sigma > 0), X_1, X_2, \cdots,$

X_n 是来自该总体的一个简单随机样本,(1)设常数 $c_i \neq \dfrac{1}{n}, i = 1, 2,$

$\cdots, n.$ 且 $\sum\limits_{i=1}^{n} c_i = 1$,证明:$\hat{\mu}_1 = \sum\limits_{i=1}^{n} c_i X_i$ 是 μ 的无偏估计量;(2)证

明:$\hat{\mu} = \overline{X}$ 比 $\hat{\mu}_1 = \sum\limits_{i=1}^{n} c_i X_i$ 更有效.

证明：（1）因为 $E\hat{\mu}_1 = \sum_{i=1}^{n} c_i EX_i = \sum_{i=1}^{n} c_i \mu = \mu \sum_{i=1}^{n} c_i = \mu$，所以

$\hat{\mu}_1 = \sum_{i=1}^{n} c_i X_i$ 是 μ 的无偏估计量；

（2）因为 $D\hat{\mu} = D\overline{X} = \dfrac{\sigma^2}{n}$，$D\hat{\mu}_1 = \sum_{i=1}^{n} c_i^2 DX_i = \sigma^2 \sum_{i=1}^{n} c_i^2$

又根据柯西 – 施瓦兹不等式，得 $1 = \left(\sum_{i=1}^{n} 1 \cdot c_i\right)^2 \leqslant$

$\left(\sum_{i=1}^{n} 1^2\right) \cdot \sum_{i=1}^{n} c_i^2 = n \sum_{i=1}^{n} c_i^2$，

所以

$$\sum_{i=1}^{n} c_i^2 > \frac{1}{n}$$

因此，$D\hat{\mu} < D\hat{\mu}_1$，即 $\hat{\mu} = \overline{X}$ 比 $\hat{\mu}_1 = \sum_{i=1}^{n} c_i X_i$ 更有效.

3. 相合性

定义 5.1.3 设 $\hat{\theta} = \hat{\theta}(X_1, X_2, \cdots, X_n)$ 为未知参数 θ 的估计量，若对任意 $\varepsilon > 0$，有 $\lim\limits_{n \to \infty} P\{|\hat{\theta} - \theta| > \varepsilon\} = 0$，即 $\hat{\theta}$ 依概率收敛于 θ，则称 $\hat{\theta}$ 是 θ 的相合估计量.

例如，设 $X_1, X_2, \cdots, X_n$ 是总体 X 的一个简单随机样本，$\mu = EX$，则无论总体 X 服从何种分布，$\overline{X}$ 都是 μ 的相合估计量. 事实上，根据辛钦大数定律，无论总体 X 服从何种分布，样本均值 $\overline{X} = \dfrac{1}{n}\sum_{i=1}^{n} X_i$ 都会依概率收敛到总体均值 μ.

例 5.1.13 设总体 $X \sim N(1, \sigma^2)$，其中，$\sigma > 0$ 未知，$X_1, X_2, \cdots, X_n$ 是来自该总体的一个简单随机样本，证明：$S^2 = \dfrac{1}{n-1}\sum_{i=1}^{n}(X_i - \overline{X})^2$ 是 σ^2 的相合估计量.

证明：因为 $\dfrac{(n-1)S^2}{\sigma^2} \sim \chi^2(n-1)$，所以

$$E\frac{(n-1)S^2}{\sigma^2} = (n-1), \quad D\frac{(n-1)S^2}{\sigma^2} = 2(n-1),$$

因此 $E(S^2) = \sigma^2$，$D(S^2) = \dfrac{2\sigma^4}{n-1}$，所以，由切比雪夫不等式知，对任意 $\varepsilon > 0$，有 $P\{|S^2 - \sigma^2| > \varepsilon\} \leqslant \dfrac{DS^2}{\varepsilon^2} = \dfrac{2\sigma^4}{(n-1)\varepsilon^2}$，

因此，$\lim\limits_{n \to \infty} P\{|S^2 - \sigma^2| > \varepsilon\} = 0$，即 $S^2 = \dfrac{1}{n-1}\sum_{i=1}^{n}(X_i - \overline{X})^2$ 是 σ^2 的相合估计量.

逸闻趣事：

矩估计是由英国统计学家卡尔·皮尔逊（Karl Pearson）

（1857—1936）于 1894 年提出的.

卡尔·皮尔逊人生轨迹,用我们今天的标准来看是超级人生赢家:出生于富裕的中产家庭(父亲威廉·皮尔逊是王室法律顾问),学生时代是超级"学霸",工作时有良师益友(弗朗西斯·高尔顿、威尔登)相伴,事业发展极其顺利,长期占据统计界"一哥"的地位.但是他的名字在现代统计高速发展的 20 世纪下半叶已经很少被提及,这可能源于他和另一著名的统计学家费歇尔(Fisher)之间旷日持久且刻薄激烈的学术争斗.(更详细内容见二维码)

图 5.1.2 卡尔·皮尔逊

练习 5.1

1. 设总体 X 的概率密度为

$$f(x;\theta) = \begin{cases} \dfrac{6x}{\theta^3}(\theta - x), & x \in (0,\theta) \\ 0, & \text{其他} \end{cases} (\theta > 0)$$，$X_1, X_2, \cdots, X_n$ 是来自 X 的一个样本,求参数 θ 的矩估计量.

2. 设总体 X 服从参数为 λ 的泊松分布,$X_1, X_2, \cdots, X_n$ 是来自 X 的一个简单随机样本,求参数 λ 的最大似然估计量.

3. X_1, X_2, X_3, X_4 是来自总体 X 的一个简单随机样本,若总体 X 的数学期望 EX 存在,则下列四个选项中不是总体 X 的数学期望 EX 的无偏估计的是( ).

(A) $\dfrac{1}{4}(X_1 + X_2 + X_3)$　　　(B) $\dfrac{1}{3}(X_1 + X_2 + X_4)$

(C) $\dfrac{1}{2}(X_1 + X_4)$　　　(D) X_2

4. X_1, X_2, X_3, X_4 是来自总体 X 的一个简单随机样本,若总体 X 的数学期望 EX 存在,方差 DX 存在,则下列四个选项中是总体 X 的数学期望 EX 的最有效估计的是( ).

(A) $\dfrac{1}{4}(X_1 + X_2 + X_3 + X_4)$　　　(B) $\dfrac{1}{3}(X_1 + X_2 + X_4)$

(C) $\dfrac{1}{2}(X_1 + X_4)$　　　(D) $\dfrac{1}{4}X_1 + \dfrac{1}{2}X_2 + \dfrac{1}{4}X_3$

5.2 区间估计:置信区间的定义、求法和应用

节前导读:

第二类估计参数的方法是区间估计,像女体操运动员平均年龄的取值范围是"12.1 到 12.5"就是一个区间估计.通俗地讲,区间估计就是给结论留一些余地.通过本节的学习,理解区间估计的概念,会求单个正态总体的均值和方差的区间估计,了解非正态总体参数的区间估计的求法,知道影响样本容量的因素有哪些.

区间估计

区间估计又称置信区间,是用来估计参数取值范围的.

如何得到总体参数的区间估计呢? 我们的一般做法是:首先要找一个总体参数的估计值如样本均值或者样本方差;然后从数据中计算出抽样误差;最后用总体参数估计值加、减抽样误差就得到了估计区间的两个端点. 即总体参数的置信区间为

[参数估计值 - 抽样误差值,参数估计值 + 抽样误差值]

比如,在先前的例子中要研究全国女体操运动员的平均年龄的置信区间,我们从一个样本中得到平均年龄的估计值为 12.3,抽样误差是 0.2,则总体均值的置信区间为

$$[12.3 - 0.2, 12.3 + 0.2] = [12.1, 12.5]$$

我们希望未知的总体均值包含在此区间中. 若再抽另一个样本,那么它将会产生出一个不同的样本均值和不同的置信区间,若重复抽样多次就会得到许多不同的样本及不同的样本均值和不同的置信区间,我们期望这些区间都包含参数真值.

因为统计学家有某种程度的信心认为这个区间会包含真正的固定的参数值,所以给它取名为置信区间. 其理由是:如果我们收集了许多不同的样本,并对每个样本都构造了一个置信区间. 这些置信区间有足够的宽度使它们中的 95% 包含了总体均值的真值,而 5% 没有包含,则 95% 这个值就被称为**置信水平**,95% 这个值是比较常用的,当然也能用别的值来做置信水平.

怎样看上面的从 12.1 到 12.5 这个置信区间? 这个区间包含未知的总体均值的真值吗? 对于一个特定的区间,这个问题是无法回答的. 这是因为总体的参数值是固定的、未知的,我们知道的仅仅是在多次抽样中有 95% 的样本得到的区间包含真值. 比如,若我们抽了 100 组样本,我们将会期望大约有 5 个置信区间不包含总体参数真值,而有 95 个区间包含.

如果用某种方法构造的所有区间中有 95% 的区间包含真值,5% 的区间不包含真值,那么这些用该方法构造的区间都叫作置信水平为 95% 的置信区间,简称 95% 置信区间.

12.1 到 12.5 这个置信区间是个具体的区间,它是把样本观测值代入到某个由统计量组成的区间后得到的,即把样本观测值代入到如下区间:

[参数估计量 - 抽样误差量,参数估计量 + 抽样误差量]

例 5.2.1 设总体 X 服从正态分布 $N(\mu, \sigma^2)$. 其中,$\sigma^2 = \sigma_0^2$ 已知,试用总体 X 的简单随机样本 $X_1, X_2, \cdots, X_n$ 构造 μ 的 95% 的区间估计.

分析:由前面的讨论,知 μ 的一个优良点估计是样本均值 $\hat{\mu} = \bar{X}$,设抽样误差是 ε,则 $P\{\bar{X} - \varepsilon \leqslant \mu \leqslant \bar{X} + \varepsilon\} = 0.95$,利用 $\bar{X}$ 的抽样分

布和标准正态分布的上侧分位数的概念,可知 $P\left\{\left|\dfrac{\overline{X}-\mu}{\sigma_0/\sqrt{n}}\right|<\right.$

$\left.u_{\frac{1-95\%}{2}}\right\}=95\%$,所以 $\varepsilon=u_{\frac{1-95\%}{2}}\cdot\dfrac{\sigma_0}{\sqrt{n}}$,即 μ 的 95% 的区间估

计 $\left[\overline{X}-u_{\frac{1-95\%}{2}}\cdot\dfrac{\sigma_0}{\sqrt{n}},\overline{X}+u_{\frac{1-95\%}{2}}\cdot\dfrac{\sigma_0}{\sqrt{n}}\right]$.

再把具体的样本观测值代入到上述区间就可以得到一个具体的区间估计,称为区间估计的一个观测值或实现,在不引起混淆时,也称为置信区间.

定义 5.2.1　设 θ 是一个未知参数,$X_1,X_2,\cdots,X_n$ 是总体 X 的一个样本,对给定的 $\alpha(0<\alpha<1)$,如果存在两个统计量 $\theta_L=\theta_L(X_1,X_2,\cdots,X_n),\theta_U=\theta_U(X_1,X_2,\cdots,X_n)$ 使得 $P\{\theta_L<\theta<\theta_U\}=1-\alpha$,那么随机区间 (θ_L,θ_U) 称为 θ 的 $1-\alpha$ 置信区间,$1-\alpha$ 称为**置信水平**,θ_L 和 θ_U 分别称为**置信下限**和**置信上限**.

由例 5.2.1 知,利用总体 X 的一个简单随机样本 $X_1,X_2,\cdots,X_n$ 构造未知参数 θ 的 $1-\alpha$ 置信区间的一般步骤为:

第一步　构造未知参数 θ 的优良点估计 $\hat{\theta}$;

第二步　利用 $\hat{\theta}$ 构造关于 θ 的枢轴量 Z ;

第三步　利用 Z 的上侧分位数确定 z_1 和 z_2 ,使得 $P\{z_1<Z<z_2\}=1-\alpha$;

第四步　利用不等式的变形导出 θ 的 $1-\alpha$ 置信区间 (θ_L,θ_U) .

例 5.2.2　设总体 X 服从正态分布 $N(\mu,\sigma^2)$.其中,μ,σ^2 都未知,试用总体 X 的简单随机样本 $X_1,X_2,\cdots,X_n$ 构造 σ^2 的 $1-\alpha$ 置信区间.

解:第一步　构造 σ^2 的优良点估计

$$\hat{\sigma}^2=S^2=\dfrac{1}{n-1}\sum_{i=1}^{n}(X_i-\overline{X})^2;$$

第二步　利用 S^2 构造关于 σ^2 的枢轴量

$$\chi^2=\dfrac{(n-1)}{\sigma^2}S^2\sim\chi^2(n-1);$$

第三步　利用枢轴量 χ^2 的上侧分位数可得

$$P\left\{\chi^2_{1-\frac{\alpha}{2}}(n-1)<\dfrac{(n-1)}{\sigma^2}S^2<\chi^2_{\frac{\alpha}{2}}(n-1)\right\}=1-\alpha;$$

第四步　利用不等式的变形导出 σ^2 的 $1-\alpha$ 置信区间为

$$\left(\dfrac{(n-1)S^2}{\chi^2_{\frac{\alpha}{2}}(n-1)},\dfrac{(n-1)S^2}{\chi^2_{1-\frac{\alpha}{2}}(n-1)}\right).$$

5.2.2　正态总体参数的区间估计

设总体 X 服从正态分布 $N(\mu,\sigma^2)$,$X_1,X_2,\cdots,X_n$ 是 X 的一个

简单随机样本. 接下来我们分三种情况(实际上我们遇到的不止这三种)来讨论.

1. 总体均值的置信区间

(1) $\sigma^2 = \sigma_0^2$ 已知时,总体均值 μ 的 $1-\alpha$ 置信区间为:

$$\left[\overline{X} - u_{\frac{\alpha}{2}} \cdot \frac{\sigma}{\sqrt{n}}, \overline{X} + u_{\frac{\alpha}{2}} \cdot \frac{\sigma}{\sqrt{n}}\right]$$

注意,此时的抽样误差就是 $u_{\frac{\alpha}{2}} \cdot \frac{\sigma}{\sqrt{n}}$.

例 5.2.3 某企业加工的产品直径 X 是一随机变量,且服从方差为 0.0025^2 的正态分布. 某日从生产的大量产品中随机抽取 6 个,测得该样本的平均直径是 16cm,求该产品直径的均值的 95% 置信区间.

解:由题意知, $\overline{x} = 16$, $\sigma = 0.0025$, $\sqrt{6} = 2.45$, $u_{0.025} = 1.96$
所以该产品直径的均值的置信水平为 95% 的置信区间为:

$$\left[\overline{x} - u_{\frac{\alpha}{2}} \cdot \frac{\sigma}{\sqrt{n}}, \overline{x} + u_{\frac{\alpha}{2}} \cdot \frac{\sigma}{\sqrt{n}}\right]$$
$$= \left[16 - 1.96 \cdot \frac{0.0025}{2.45}, 16 + 1.96 \cdot \frac{0.0025}{2.45}\right]$$
$$\approx [15.998, 16.002]$$

(2) σ^2 未知时,总体均值 μ 的 $1-\alpha$ 置信区间是

$$\left[\overline{X} - t_{\frac{\alpha}{2}} \cdot \frac{S}{\sqrt{n}}, \overline{X} + t_{\frac{\alpha}{2}} \cdot \frac{S}{\sqrt{n}}\right]$$

其中, $t_{\frac{\alpha}{2}}$ 是自由度为 $n-1$ 的 t 分布的上 $\frac{\alpha}{2}$ 分位数.

注意,此时的抽样误差是 $t_{\frac{\alpha}{2}} \cdot \frac{S}{\sqrt{n}}$.

例 5.2.4 自动车床加工某种零件,零件的长度服从正态分布 $N(\mu, \sigma^2)$. 现在在加工过程中随机抽取了 16 件的长度值(单位:mm)(见表 5.2.1).

表 5.2.1

12.14	12.12	12.01	12.28	12.09	12.16	12.03	12.01
12.06	12.13	12.07	12.11	12.08	12.01	12.03	12.06

试对该车床加工该种零件长度值的均值进行区间估计(置信水平为 95%).

解:经过计算知, $\overline{x} = 12.09$, $s = 0.07$, $\sqrt{16} = 4$, $t_{0.025} = 2.13$,所以该车床加工该种零件长度值的均值的置信水平为 95% 的置信区间为:

$$\left[\overline{x} - t_{\frac{\alpha}{2}} \cdot \frac{s}{\sqrt{n}}, \overline{x} + t_{\frac{\alpha}{2}} \cdot \frac{s}{\sqrt{n}}\right]$$

$$= \left[12.09 - 2.13 \cdot \frac{0.07}{4}, 12.09 + 2.13 \cdot \frac{0.07}{4}\right]$$

$$\approx [12.05, 12.13].$$

2. 正态总体方差的置信区间

由例 5.2.2 知,总体 X 服从正态分布 $N(\mu, \sigma^2)$. 其中,μ, σ^2 都未知,则 σ^2 的 $1 - \alpha$ 置信区间为

$$\left(\frac{(n-1)S^2}{\chi^2_{\frac{\alpha}{2}}(n-1)}, \frac{(n-1)S^2}{\chi^2_{1-\frac{\alpha}{2}}(n-1)}\right),$$

也容易得到,σ 的 $1 - \alpha$ 置信区间为

$$\left(\sqrt{\frac{(n-1)}{\chi^2_{\frac{\alpha}{2}}(n-1)}}S, \sqrt{\frac{(n-1)}{\chi^2_{1-\frac{\alpha}{2}}(n-1)}}S\right).$$

5.2.3 置信区间的理解

由例 5.2.3 知该产品直径均值的 95% 置信区间为 $[15.998, 16.002]$,对于这个具体的区间估计我们不能说直径均值的真值落在该区间的概率是 95%,原因在本节刚开始时已经讨论过了.

我们可以说 $P\left\{均值真值 \in \left(\overline{X} - u_{\frac{\alpha}{2}} \cdot \frac{\sigma}{\sqrt{n}}, \overline{X} + u_{\frac{\alpha}{2}} \cdot \frac{\sigma}{\sqrt{n}}\right)\right\} = 95\%$,区间估计 $[15.998, 16.002]$ 是把具体样本的平均直径 16cm 代入到

$$\left(\overline{X} - u_{\frac{\alpha}{2}} \cdot \frac{\sigma}{\sqrt{n}}, \overline{X} + u_{\frac{\alpha}{2}} \cdot \frac{\sigma}{\sqrt{n}}\right)$$

得到的,若你再另外抽一个容量为 6 的样本,将其样本均值代入上述区间就可以得到一个多少与 $[15.998, 16.002]$ 有点不同的区间估计,比如,若我们抽了 100 组样本,则将会期望大约有 5 个具体的置信区间不包含总体均值的真值,而有 95 个区间包含.

通过以上讨论,我们知道区间估计既给出了总体未知参数的估计,又刻画了估计误差.

若 $P\{\theta_L < \theta < \theta_U\} = 1 - \alpha$,随机区间 (θ_L, θ_U) 称为 θ 的 $1 - \alpha$ 置信区间(区间估计),其中区间长度体现了估计的精度(准确性),置信水平刻画了估计的可靠性. 是不是置信水平 $1 - \alpha$ 越高越好呢? 事实上,当方差 σ_0^2 已知时正态总体均值 μ 的 $1 - \alpha$ 置信区间为

$(\overline{X} - \varepsilon, \overline{X} + \varepsilon)$,其中 $\varepsilon = u_{\frac{\alpha}{2}} \cdot \frac{\sigma_0}{\sqrt{n}}$,显然,反映估计可靠性的置信水平 $1 - \alpha$ 越高,反映估计准确性的抽样误差 ε 就越大,因此估计的可靠性和准确性是一对矛盾. 只有在增加样本容量时,才可以同时改善区间估计的可靠性和准确性.

5.2.4　一般总体参数的区间估计

1. 总体 X 服从 $0-1$ 分布 $B(1,p)$

已知总体 X 服从 $0-1$ 分布 $B(1,p)$, $X_1, X_2, \cdots, X_n$ 是 X 的一个简单随机样本,求 p 的 $1-\alpha$ 置信区间. 由中心极限定理和大数定律,知当 $n \to \infty$ 时,

$$Z = \frac{\overline{X} - p}{\sqrt{\overline{X}(1-\overline{X})/n}} \text{ 近似服从标准正态分布 } N(0,1).$$

在样本容量 n 足够大时,利用 Z 的近似分布可得 p 的 $1-\alpha$ 置信区间为

$$\left[\overline{X} - u_{\frac{\alpha}{2}} \cdot \sqrt{\frac{\overline{X}(1-\overline{X})}{n}}, \ \overline{X} + u_{\frac{\alpha}{2}} \cdot \sqrt{\frac{\overline{X}(1-\overline{X})}{n}} \right]$$

注意,此时的抽样误差为 $u_{\frac{\alpha}{2}} \cdot \sqrt{\dfrac{\overline{X}(1-\overline{X})}{n}}$.

例 5.2.4　在某市区随机调查了 300 个居民户,其中 6 户不使用网络. 试求该区(按户计算的)使用网络的居民户比例的 95% 置信区间.

解:本例总体单位数很大. 由题意知,

$$\overline{X} = \frac{294}{300} = 0.98, n = 300, u_{0.025} = 1.96$$

所以该区使用网络的居民户比例的 95% 置信区间为

$$\left[\overline{X} - u_{\frac{\alpha}{2}} \cdot \sqrt{\frac{\overline{X}(1-\overline{X})}{n}}, \ \overline{X} + u_{\frac{\alpha}{2}} \cdot \sqrt{\frac{\overline{X}(1-\overline{X})}{n}} \right]$$

$$= \left[0.98 - 1.96 \cdot \sqrt{\frac{0.02 \times 0.98}{300}}, \ 0.98 + 1.96 \cdot \sqrt{\frac{0.02 \times 0.98}{300}} \right]$$

$$= [0.964, 0.996]$$

2. 总体 X 的分布未知

设总体 X 的均值 μ 和方差 σ^2 都存在, $X_1, X_2, \cdots, X_n$ 是 X 的一个简单随机样本,求 μ 的 $1-\alpha$ 置信区间. 由中心极限定理和大数定律,知当 $n \to \infty$ 时,

$$U_n = \frac{\overline{X} - \mu}{\sigma/\sqrt{n}} \text{ 近似服从标准正态分布 } N(0,1),$$

$$T_n = \frac{\overline{X} - \mu}{S/\sqrt{n}} \text{ 近似服从标准正态分布 } N(0,1),$$

其中, $\overline{X}, S$ 分别是样本均值和样本标准差.

（1）在样本容量 n 足够大,且总体方差 σ^2 已知时,可利用 U_n 的近似分布构造出总体均值 μ 的 $1-\alpha$ 置信区间,其公式为

$$\left[\overline{X} - u_{\frac{\alpha}{2}} \cdot \frac{\sigma}{\sqrt{n}}, \ \overline{X} + u_{\frac{\alpha}{2}} \cdot \frac{\sigma}{\sqrt{n}} \right],$$

注意,此时的抽样误差为 $u_{\frac{\alpha}{2}} \cdot \dfrac{\sigma}{\sqrt{n}}$.

(2)在样本容量 n 足够大,且总体方差 σ^2 未知时,可利用 T_n 的近似分布构造出总体均值 μ 的 $1-\alpha$ 置信区间,其公式为

$$\left[\bar{X} - u_{\frac{\alpha}{2}} \cdot \frac{S}{\sqrt{n}}, \bar{X} + u_{\frac{\alpha}{2}} \cdot \frac{S}{\sqrt{n}}\right]$$

注意,此时的抽样误差为 $u_{\frac{\alpha}{2}} \cdot \dfrac{S}{\sqrt{n}}$.

例 5.2.5 心理学家用某种准则来对随机选取的 2112 对夫妇的婚姻满意度打分,打分的均值是 30.8,标准差是 9.25. 请给出所有夫妇婚姻满意度平均分的置信区间,其中置信水平分别是 (1) $1-\alpha = 0.9$;(2) $1-\alpha = 0.95$.

解:由题意知,要求的是总体均值 μ 的 $1-\alpha$ 置信区间,而总体分布和方差均未知,但样本容量足够大. 所以,把已知数据代入公式 $\left[\bar{X} - u_{\frac{\alpha}{2}} \cdot \dfrac{S}{\sqrt{n}}, \bar{X} + u_{\frac{\alpha}{2}} \cdot \dfrac{S}{\sqrt{n}}\right]$,得

(1)当 $1-\alpha = 0.9$ 时,婚姻满意度平均分 μ 的 $1-\alpha$ 置信区间为

$$[30.8 - 0.33, 30.8 + 0.33] = [30.47, 31.13];$$

(2)当 $1-\alpha = 0.95$ 时,婚姻满意度平均分 μ 的 $1-\alpha$ 置信区间为

$$[30.8 - 0.39, 30.8 + 0.39] = [30.41, 31.19].$$

由此,可以看出对同一样本,当置信水平 $1-\alpha$(可靠性)越高时,区间估计的长度越大即精度越低.

5.2.5 样本容量的确定

在实际调查研究中一个经常关心的问题是"样本量要多大才行?"

下面就以估计总体均值时样本量的确定为例简单介绍一下"样本量确定"的思想.

我们以总体方差 σ^2 已知时,均值 μ 的区间估计公式出发进行讨论,由公式 $\left[\bar{X} - u_{\frac{\alpha}{2}} \cdot \dfrac{\sigma}{\sqrt{n}}, \bar{X} + u_{\frac{\alpha}{2}} \cdot \dfrac{\sigma}{\sqrt{n}}\right]$ 可以看出影响置信区间长度的是抽样误差 $\varepsilon = u_{\frac{\alpha}{2}} \cdot \dfrac{\sigma}{\sqrt{n}}$,置信区间长度为 $2u_{\frac{\alpha}{2}} \cdot \dfrac{\sigma}{\sqrt{n}} = 2\varepsilon$,即 $n = \dfrac{\sigma^2}{\varepsilon^2} u_{\frac{\alpha}{2}}^2$ 显然:

(1)样本容量 n 受抽样误差即置信区间长度的影响. 误差小样本容量就要大;

(2)样本容量 n 受置信水平 $1-\alpha$ 的影响. 低的置信水平(如 90%)要求样本容量就越小,高的置信水平(如 99%)要求样本容量

就越大;

(3)样本容量 n 受总体标准差 σ 的影响. 大的总体标准差(总体数据较分散)要求样本容量就越大,小的总体标准差要求样本容量就越小.

这与我们先前讨论的:置信区间的精度(置信区间的长度)与置信水平是一对矛盾,但是可以通过增加样本容量 n 的方式,达到既保证一定的估计精度又具有较高的置信水平的目的. 这时,需要考虑在给定的置信水平与抽样误差的前提下,样本容量 n 究竟取多大合适? 这就是所谓的样本容量的确定问题.

估计总体均值时(方差已知)样本量的确定公式为 $n = \dfrac{\sigma^2}{\varepsilon^2} u_{\frac{\alpha}{2}}^2$.

注意:在确定样本容量时,

(1)计算样本容量时,总体方差常常是未知的,这时可用有关资料替代:一是用历史资料已有的方差代替;二是在进行正式抽样调查前进行几次试验性调查,用试验中方差的最大值代替总体方差.

(2)上面的公式计算结果如果带小数,这时样本容量不按四舍五入法则取整数,而是取比这个数大的最小整数代替.

例 5.2.6 一个学公共管理的学生想了解在大城市中从事政策咨询的顾问每月可得到多少酬劳. 他要进行抽样调查,在 95% 的置信度下,要求均值的估计误差不差过 100 元. 此外他从劳动部得到的资料估计出总体标准差约为 1000 元. 计算需要的样本量.

解: 由题意知, $\varepsilon = 100, s = 1000, 95\%$ 的置信水平所对应的 $u_{\frac{\alpha}{2}} = 1.96$, 将它们代入公式 $n = \dfrac{\sigma^2}{\varepsilon^2} u_{\frac{\alpha}{2}}^2 = \left(\dfrac{1000 \times 1.96}{100}\right)^2 = 384.16$, 所以所需样本容量为 385.

逸闻趣事:

区间估计是由美籍波兰裔统计学家奈曼(Jerzy Neyman)(1894—1981)于 1934 年提出的(见图 5.2.1). 详细内容见二维码.

图 5.2.1 奈曼

练习 5.2

1. 从某超市的货架上随机抽得 9 包 0.5kg 装的食糖,实测其重量分别为(单位:kg)(见表 5.2.1).

表 5.2.1

0.497	0.506	0.518	0.524	0.488
0.510	0.510	0.515	0.512	

从长期的实践中知道,该品牌的食糖重量服从正态分布 $N(\mu, \sigma^2)$.

（1）已知 $\sigma^2 = 0.01^2$，求 μ 的 0.95 的置信区间；

（2）σ^2 未知，求 μ 的 0.95 的置信区间；

（3）求 σ^2 的 0.95 的置信区间.

2. 设总体 X 服从正态分布 $N(\mu, 1)$，为得到 μ 的置信水平为 0.95 的置信区间且其长度不超过 1.2，样本容量应多大？

5.3　假设检验概述

节前导读：

接下来要讲的故事与本章的内容密切相关. 我初中学习成绩优良，但中考前两个月因为青春期叛逆没有好好复习，中考成绩出来后，我压着高中录取分数线进了高中，这意味着我是我们班入学成绩的倒数第一名. 进了三中后，我奋发图强，第一次期末考试时我考了全班第二名. 在这个时候，我的高中班主任在全班同学面前对我说“你超常发挥了啊！”从其言语间透露出怀疑，更别说夸奖了. 听了之后我心里一直感觉不太舒服，并一直对这位班主任“怀恨在心”.

现在我做了多年的老师，也终于能体会高中班主任老师的想法了，大部分学生的入学成绩和期末考试成绩都有着极为显著的相关性. 如果某一个学生的入学成绩排在倒数几名，而在期末考试中却一举成为班上的前三，这是一件非常不寻常的事.

这里隐含着统计推断的思想. 如果换成统计推断的专业术语，我们可能会得出如下结论：

（1）假如我入学成绩为真的，则第一学期期末考试成绩和入学成绩之间几乎没有可能会出现如此大的差距；

（2）因此，我进入高中之后发奋努力学习使成绩快速提高的可能性很小；

（3）那么（2）的反面，也就是我作弊的可能性较大，并恰巧能解释我的期末成绩那么好.

为此，我对我的高中班主任的所说释怀了.

统计推断是一个让数据说话、让有价值的结论浮出水面的过程. 需要注意的是，我并没有声称统计学能够毫不含糊地回答这类问题，而是通过推断，我们可以知道哪些方面是可能的，哪些方面是不太可能的.

从上述问题中可以看出，我们的思路是：先发现一些规律或者结果，然后再利用概率来证明这些结果的背后最有可能的原因. 其推理依据是：小概率事件不太可能发生. 这就是我们本章要学习的统计推断的另一个重要工具——假设检验. 通过本节学习，理解假设检验的基本思想和基本概念，掌握假设检验的基本步骤，了解假设检验可能产生的两类错误，掌握单个正态总体的均值和方差的假设检验及两个正态总体均值差的假设检验，了解 p - 值.

5.3.1 假设检验中的基本概念

1. 零假设和备择假设

从上述我的经历中,我们发现有 3 个关键点,一是对某种现象有个断言或者命题(假设);二是数据(样本)出现的概率;三是小概率的标准(概率多小是小呢?)

若是把这 3 个关键点理解了,那么我们就掌握了"假设检验"这一统计推断工具.

定义 5.3.1 在统计上,我们把关于总体的分布的命题或断言称为**统计假设**,简称**假设**. 把待检验的假设称为**原假设**或**零假设**,记作 H_0. 与之对立的假设称为**备择假设**或**对立假设**,记作 H_1.

统计假设一般可以分成参数假设和非参数假设两种. 参数假设是指在总体分布类型已知的情况下,关于未知参数的各种统计假设;非参数假设是指在总体分布类型不确定或完全未知的情况下,关于总体分布的各种统计假设. 本书中我们只用参数假设阐述假设检验的思想.

比如,$H_0: X \sim N(\mu, \sigma^2) \leftrightarrow H_1: X \leftrightarrow N(\mu, \sigma^2)$,这就是一个非参数假设;$H_0: p = \frac{1}{2} \leftrightarrow H_1: p \neq \frac{1}{2}$,这就是一个参数假设;如果假设是关于总体的一个参数做出的,就称为单参数假设,否则称为多参数假设.

本书重点针对单参数假设进行检验,检验是对假设的判断,它有两种含义,作为名词是指判断准则,作为动词是指判断过程或判断程序.

假设检验,简单地说就是提出假设、建立准则、进行检验.

遇到具体问题时,如何建立零假设呢?

零假设 H_0 是一个关于总体参数值的表述,通常零假设中含有"不是"或"没有"等这样的否定字眼,比如我们提出零假设时通常这样说"…与…之间没有显著差异"等.

需要值得注意的是,无论问题如何表述,零假设总是包含等号. 这是因为零假设是被验证的观点,我们需要在计算中包括一个特定的值.

例 5.3.1 据全国健康统计研究中心的研究表明工人和学生每年人均病假 5.1 天,有一个商业公司从其雇员中抽取 49 位雇员发现其每年人均病假天数是 7.0 天,标准差是 2.5 天. 公司领导者希望知道他们的雇员是否比平常人容易生病? 请建立零假设.

解:零假设可以建立为:该公司的雇员不比平常人容易生病. 转化成数学语言:设该商业公司每年人均病假天数为 μ,建立零假设 $H_0: \mu \leqslant 5.1 \leftrightarrow$ 备择假设 $H_1: \mu > 5.1$.

关于参数假设检验,一般有如下三种形式:

$$H_0 : \theta = \theta_0 \leftrightarrow H_1 : \theta \neq \theta_0 \qquad\qquad (A)$$

$$H_0 : \theta \leqslant \theta_0 \leftrightarrow H_1 : \theta > \theta_0 \qquad\qquad (B)$$

$$H_0 : \theta \geqslant \theta_0 \leftrightarrow H_1 : \theta < \theta_0 \qquad\qquad (C)$$

其中,称(A)形式为双侧假设检验问题,称(B)和(C)形式为单侧假设检验问题.

2. 显著性水平和拒绝域

我们根据小概率原理,如果零假设 H_0 成立导致一个小概率事件发生,那么我们就拒绝 H_0,否则,保留 H_0. 现在要问"多小的概率算小呢?"为此,我们通常事先用一个小的正数 α 作为小概率的标准,概率统计上给此数 α 一个专业名称:**检验的水平**或**显著性水平**.

由概率论的知识知道,要计算某件事出现的概率,就要具备概率模型. 所以计算样本情况出现的概率,要依据总体分布和样本抽样分布进行具体问题具体分析. 下面通过例 5.3.2 阐述这一关键点.

例 5.3.2　已知一批产品的重量服从正态分布,根据过去的资料得知此种产品重量的标准差为 15kg. 按简单随机抽样方法从这批产品中抽取 250 件,其样本的平均重量为 65kg. 问:在显著性水平 $\alpha = 0.05$ 下,是否说明这批产品的平均重量超过了 60kg?

解:设该批产品的平均重量为 μ,建立零假设 $H_0 : \mu \leqslant 60 \leftrightarrow$ 备择假设 $H_1 : \mu > 60$.

如何建立概率模型呢?

是对总体均值做假设检验,所以想到了样本均值 $\overline{X}$ 这个统计量.

我们知道在正态总体 $N(\mu_0, \sigma_0^2)$ 下,有样本均值 $\overline{X} \sim N\left(\mu_0, \dfrac{\sigma_0^2}{n}\right)$,因此可建立概率模型(统计量) $Z = \dfrac{\overline{X} - \mu_0}{\dfrac{\sigma_0}{\sqrt{n}}} \sim N(0, 1)$.

有了该分布,就要问:哪件事发生的概率是小概率 $\alpha = 0.05$ 呢?

由标准正态分布的对称性知,$P\{|Z| \geqslant z_{\frac{\alpha}{2}}\} = \alpha$ 或 $P\{Z \geqslant z_\alpha\} = \alpha$ 或 $P\{Z \leqslant -z_\alpha\} = \alpha$. 在概率统计中,称事件 $C = \{|Z| \geqslant z_{\frac{\alpha}{2}}\}$ 或 $C = \{Z \geqslant z_\alpha\}$ 或 $C = \{Z \leqslant -z_\alpha\}$ 为拒绝域,即在零假设下,若样本观察值落在该区域上(小概率事件发生了)就拒绝零假设.

本问题背景下选择哪种形式的拒绝域呢?

我们观察到在零假设 $H_0 : \mu \leqslant 60$ 下,样本观测值 $z = \dfrac{\overline{x} - 60}{\dfrac{\sigma_0}{\sqrt{n}}}$ 大于某个正数是不太可能发生的,所以此时选择拒绝域 $C = \{Z \geqslant z_\alpha\} = \{Z \geqslant 1.645\}$.

下面就验证我们的样本观察值是否落在上面的拒绝域里.

$$显然 z = \frac{\overline{x} - 60}{\frac{\sigma_0}{\sqrt{n}}} = \frac{65 - 60}{\frac{15}{\sqrt{250}}} \approx 5.27 > 1.645,故拒绝零假设. 即在显$$

著性水平 $\alpha = 0.05$ 下，说明这批产品的平均重量超过了 $60kg$.

定义 5.3.2 在零假设 H_0 成立的条件下，能由样本描述且发生概率不超过显著性水平 α 的随机事件，称为零假设 H_0 的显著性水平为 α 的拒绝域，简称**拒绝域**，通常记作 C，即

$$P\{C \mid H_0\} \leq \alpha$$

其中构造拒绝域 C 的一般步骤为：样本 $X_1, X_2, \cdots, X_n \Rightarrow$ 统计量 $Z \Rightarrow$ 拒绝域 C. 为构造拒绝域 C 将样本加工成的统计量 Z 称为**检验统计量**.

5.3.2　单正态总体参数的假设检验

正态总体 $N(\mu, \sigma^2)$ 有两个重要的参数分别为均值 μ 和方差 σ^2，在实际应用中常会用到单正态总体均值与方差的检验，以及两个正态总体均值与方差的比较问题.

设简单随机样本 $(X_1, X_2, \cdots, X_n)$ 来自正态总体 $N(\mu, \sigma^2)$，样本均值为 $\overline{X}$，样本方差为 S^2，现在考虑关于均值 μ 和方差 σ^2 的检验问题.

1. 关于均值 μ 的检验问题

其假设形式有三种：

$$H_0: \mu = \mu_0 \leftrightarrow H_1: \mu \neq \mu_0 \tag{A}$$

$$H_0: \mu \leq \mu_0 \leftrightarrow H_1: \mu > \mu_0 \tag{B}$$

$$H_0: \mu \geq \mu_0 \leftrightarrow H_1: \mu < \mu_0 \tag{C}$$

其中，μ_0 是已知常数.

（1）方差 σ^2 已知的情形

（A）$H_0: \mu = \mu_0 \leftrightarrow H_1: \mu \neq \mu_0$

1）选取检验统计量 $Z = \dfrac{\overline{X} - \mu_0}{\sigma_0 / \sqrt{n}}$；

2）构造检验拒绝域 $C = \{|Z| \geq z_{\frac{\alpha}{2}}\}$；

3）在零假设 H_0 成立下，计算观测值 $z = \dfrac{\overline{x} - \mu_0}{\sigma_0 / \sqrt{n}}$，看此值是否落入拒绝域，进而对 H_0 做出拒绝与否的统计推断.

我们称以 Z 为检验统计量的检验为 **Z - 检验**.

例 5.3.3 工业上，生铁的含硅量是一个重要的质量指标. 某炼铁厂过去利用某种炼铁石原料生产生铁的平均含硅量为 0.007%，标准差为 0.10%. 现在该厂更换了炼铁石原料，从改变原料后生产的生铁中随机抽取了容量为 25 的样本，测得其样本均值为 0.067%. 试问改变原料后生产的生铁含硅量有无显著改变？

解:假定生铁含硅量 $X \sim N(\mu, \sigma^2)$,且 $\sigma = 0.10\%$

(1)建立零假设 $H_0: \mu = \mu_0 (\mu_0 = 0.007\%)$

(2)假定零假设 H_0 成立,构造检验统计量 $Z = \dfrac{\overline{X} - \mu_0}{\sigma_0/\sqrt{n}}$,

($\sigma_0 = 0.10\%$);

(3)对于显著性水平 $\alpha = 0.05$,利用 Z 构造拒绝域:
$$C = \{(x_1, x_2, \cdots, x_{25}): |Z| \geqslant z_{\frac{\alpha}{2}} = 1.96\};$$

(4)考察给定样本值是否落入拒绝域. 为此只需计算统计量 Z 的观测值
$$z = \frac{\overline{x} - \mu_0}{\sigma_0/\sqrt{n}} = \frac{0.067 - 0.007}{0.1/\sqrt{25}} = 3 > 1.96.$$

这表明在显著性水平 $\alpha = 0.05$ 下,样本观测值落入拒绝域,所以拒绝零假设,即认为生铁含硅量有显著变化.

(B) $H_0: \mu \leqslant \mu_0 \leftrightarrow H_1: \mu > \mu_0$

1)选取检验统计量 $Z = \dfrac{\overline{X} - \mu_0}{\sigma_0/\sqrt{n}}$;

2)构造检验拒绝域 $C = \{Z \geqslant z_\alpha\}$;

3)在零假设 H_0 成立下,计算观测值 $z = \dfrac{\overline{x} - \mu_0}{\sigma_0/\sqrt{n}}$,看此值是否落入拒绝域,进而对 H_0 做出拒绝与否的统计推断.

(C) $H_0: \mu \geqslant \mu_0 \leftrightarrow H_1: \mu < \mu_0$

1)选取检验统计量 $Z = \dfrac{\overline{X} - \mu_0}{\sigma_0/\sqrt{n}}$;

2)构造检验拒绝域 $C = \{Z \leqslant -z_\alpha\}$;

3)在零假设 H_0 成立下,计算观测值 $z = \dfrac{\overline{x} - \mu_0}{\sigma_0/\sqrt{n}}$,看此值是否落入拒绝域,进而对 H_0 做出拒绝与否的统计推断.

例 5.3.4　微波炉在炉门关闭时的辐射量是一个重要的质量指标. 某厂该指标服从正态分布 $N(\mu, \sigma^2)$,长期以来 $\sigma = 0.1$,且均值都符合要求不高过 0.12. 为检查近期产品的质量,抽查了 25 台,得其炉门关闭时辐射量的均值 $\overline{x} = 0.1203$,假定标准差不变. 试问在显著性水平 $\alpha = 0.05$ 下,该厂炉门关闭时的辐射量是否升高了?

解:(1)建立零假设 $H_0: \mu \leqslant \mu_0 (\mu_0 = 0.12)$

(2)假定零假设 H_0 成立,构造检验统计量 $Z = \dfrac{\overline{X} - \mu_0}{\sigma_0/\sqrt{n}}$, ($\sigma_0 = 0.10$);

(3)对于显著性水平 $\alpha = 0.05$,利用 Z 构造拒绝域:
$$C = \{(x_1, x_2, \cdots, x_{25}): Z \geqslant z_\alpha = 1.645\};$$

概率论与数理统计(经济类)

(4)考察给定样本值是否落入拒绝域. 为此只需计算统计量 Z 的观测值

$$z = \frac{\overline{x} - \mu_0}{\sigma_0/\sqrt{n}} = \frac{0.1203 - 0.12}{0.1/\sqrt{25}} = 0.015 < 1.64.$$

这表明在显著性水平 $\alpha = 0.05$ 下,样本观测值没有落入拒绝域,所以不拒绝零假设,即认为炉门关闭时的辐射量没有升高.

(2)方差 σ^2 未知的情形

(A) $H_0 : \mu = \mu_0 \leftrightarrow H_1 : \mu \neq \mu_0$

1)选取检验统计量 $T = \dfrac{\overline{X} - \mu_0}{S/\sqrt{n}}$;

2)构造检验拒绝域 $C = \{|T| \geq t_{\frac{\alpha}{2}}\}$,其中,$t_{\frac{\alpha}{2}}$ 是自由度为 $n-1$ 的 t 分布的上 $\dfrac{\alpha}{2}$ 分位数;

3)在零假设 H_0 成立下,计算观测值 $t = \dfrac{\overline{x} - \mu_0}{s/\sqrt{n}}$,看此值是否落入拒绝域,进而对 H_0 做出拒绝与否的统计推断.

我们称以 T 为检验统计量的检验为 T – 检验.

(B) $H_0 : \mu \leq \mu_0 \leftrightarrow H_1 : \mu > \mu_0$

1)选取检验统计量 $T = \dfrac{\overline{X} - \mu_0}{S/\sqrt{n}}$;

2)构造检验拒绝域 $C = \{T \geq t_\alpha\}$. 其中,t_α 是自由度为 $n-1$ 的 t 分布的上 α 分位数;

3)在零假设 H_0 成立下,计算观测值 $t = \dfrac{\overline{x} - \mu_0}{s/\sqrt{n}}$,看此值是否落入拒绝域,进而对 H_0 做出拒绝与否的统计推断.

(C) $H_0 : \mu \geq \mu_0 \leftrightarrow H_1 : \mu < \mu_0$

1)选取检验统计量 $T = \dfrac{\overline{X} - \mu_0}{S/\sqrt{n}}$;

2)构造检验拒绝域 $C = \{T \leq -t_\alpha\}$,其中 t_α 是自由度为 $n-1$ 的 t 分布的上 α 分位数;

3)在零假设 H_0 成立下,计算观测值 $t = \dfrac{\overline{x} - \mu_0}{s/\sqrt{n}}$,看此值是否落入拒绝域,进而对 H_0 做出拒绝与否的统计推断.

例 5.3.5　　根据某地环境保护法规定,倾倒在河流的废水中某种有毒化学物质的平均含量不得超过 3ppm. 该地区环保组织对某厂每日倾倒在河流的废水中该物质的含量进行了逐日检查,记录如表 5.3.1 所示.

表 5.3.1

3.1	3.2	3.3	2.9	3.5	3.4	2.5	
4.3	2.9	3.6	3.2	3.0	2.7	3.5	2.9

假定废水中的有毒物质含量服从正态分布,试在显著性水平 $\alpha = 0.05$ 上判断该厂是否符合环保规定?

解:由题意知,$\bar{x} = 3.2, s = 0.436, n = 15$.

(1)建立零假设 $H_0 : \mu \geqslant \mu_0 (\mu_0 = 3)$;

(2)选取检验统计量 $T = \dfrac{\bar{X} - \mu_0}{S/\sqrt{n}}$;

(3)构造检验拒绝域 $C = \{T \leqslant -t_\alpha = -1.761\}$;

(4)计算观测值 $t = \dfrac{3.2 - 3}{0.436/\sqrt{15}} = 1.7766 > -1.761$. 因此接受

零假设 H_0,即该厂在显著性水平 $\alpha = 0.05$ 下不符合环保规定.

停下来回顾一下,是否还记得在 n 充分大(一般 $n \geqslant 30$)时,自由度为 n 的 t 分布 $t(n)$ 与标准正态分布 $N(0,1)$ 有何关系?

我们知道在 n 充分大(一般 $n \geqslant 30$)时,$t(n)$ 近似为 $N(0,1)$. 所以当样本容量 n 充分大,总体方差 σ^2 未知时,有关总体均值的假设检验近似地有如下结论:

(A)$H_0 : \mu = \mu_0 \leftrightarrow H_1 : \mu \neq \mu_0$.

1)选取检验统计量 $Z = \dfrac{\bar{X} - \mu_0}{S/\sqrt{n}}$;

2)构造检验拒绝域 $C = \{|Z| \geqslant z_{\frac{\alpha}{2}}\}$;

3)在零假设 H_0 成立下,计算观测值 $z = \dfrac{\bar{x} - \mu_0}{s/\sqrt{n}}$,看此值是否落

入拒绝域,进而对 H_0 做出拒绝与否的统计推断.

(B)$H_0 : \mu \leqslant \mu_0 \leftrightarrow H_1 : \mu > \mu_0$.

1)选取检验统计量 $Z = \dfrac{\bar{X} - \mu_0}{S/\sqrt{n}}$;

2)构造检验拒绝域 $C = \{Z \geqslant z_\alpha\}$;

3)在零假设 H_0 成立下,计算观测值 $z = \dfrac{\bar{x} - \mu_0}{s/\sqrt{n}}$,看此值是否落

入拒绝域,进而对 H_0 做出拒绝与否的统计推断.

(C)$H_0 : \mu \geqslant \mu_0 \leftrightarrow H_1 : \mu < \mu_0$

1)选取检验统计量 $Z = \dfrac{\bar{X} - \mu_0}{S/\sqrt{n}}$;

2)构造检验拒绝域 $C = \{Z \leqslant -z_\alpha\}$;

3)在零假设 H_0 成立下,计算观测值 $z = \dfrac{\bar{x} - \mu_0}{s/\sqrt{n}}$,看此值是否落

入拒绝域,进而对 H_0 做出拒绝与否的统计推断.

例 5.3.6　某加盟连锁店的主管想知道每家连锁店的日平均销售额是否大于 400 元,显著性水平为 0.05. 随机查看了 172 家连

锁店,结果平均销售额是 407 元,标准差为 38 元. 是否可下结论认为总体均值超过 400 元?

解:**思路 1** 按近似分布计算

(1)建立零假设 $H_0:\mu \leqslant \mu_0(\mu_0=400)$;

(2)假定零假设 H_0 成立,构造检验统计量 $Z=\dfrac{\overline{X}-\mu_0}{S/\sqrt{n}}$;

(3)对于显著性水平 $\alpha=0.05$,利用 Z 构造拒绝域:
$$C=\{(x_1,x_2,\cdots,x_{25}):Z \geqslant z_\alpha=1.64\};$$

(4)考察给定样本值是否落入拒绝域. 为此只需计算统计量 Z 的观测值
$$z=\frac{\overline{x}-\mu_0}{s/\sqrt{n}}=\frac{407-400}{38/\sqrt{172}} \approx 2.41 > 1.64$$

这表明在显著性水平 $\alpha=0.05$ 下,样本观测值落入拒绝域,所以拒绝零假设 H_0,即可以认为总体均值超过 400 元.

思路 2 按精确分布计算

(1)建立零假设 $H_0:\mu \leqslant \mu_0(\mu_0=400)$

(2)选取检验统计量 $T=\dfrac{\overline{X}-\mu_0}{S/\sqrt{n}}$;

(3)构造检验拒绝域 $C=\{T \geqslant t_\alpha=1.65\}$;

(4)在零假设 H_0 成立下,计算观测值 $t=\dfrac{\overline{x}-\mu_0}{s/\sqrt{n}}=\dfrac{407-400}{38/\sqrt{172}} \approx$

$2.41 > 1.65$,因此拒绝零假设 H_0,即可以认为总体均值超过 400 元.

2. 关于方差 σ^2 的检验问题

其假设形式有三种:

$$H_0:\sigma^2=\sigma_0^2 \leftrightarrow H_1:\sigma^2 \neq \sigma_0^2 \qquad (A)$$
$$H_0:\sigma^2 \leqslant \sigma_0^2 \leftrightarrow H_1:\sigma^2 > \sigma_0^2 \qquad (B)$$
$$H_0:\sigma^2 \geqslant \sigma_0^2 \leftrightarrow H_1:\sigma^2 < \sigma_0^2 \qquad (C)$$

其中,σ_0^2 是已知常数.

例 5.3.7 某洗涤剂厂有一台瓶装洗洁精的灌装机,在生产正常时,每瓶洗洁精的净重服从正态分布,均值为 454g,标准差为 12g. 为检查近期机器工作是否正常,从中抽出 16 瓶,称得其净重的平均值为 456.64g,样本标准差为 15g. 问:在显著性水平 $\alpha=0.01$ 下,对机器近期工作正常与否作出判断.

解析:该题可归结为对正态总体均值和方差分别作假设检验. 本例只对方差作假设检验,设该机器近期生产出的洗洁精重量的方差为 σ^2,建立零假设 $H_0:\sigma^2=12^2 \leftrightarrow$ 备择假设 $H_1:\sigma^2 \neq 12^2$.

如何建立概率模型呢?

由于是对总体方差(标准差)做假设检验,所以想到了样本方

差 S^2 这个统计量. 我们知道在正态总体 $N(\mu_0, \sigma_0^2)$ 下, 有抽样分布 $\chi_0^2 = \dfrac{(n-1)S^2}{\sigma_0^2} \sim \chi^2(n-1)$. 有了该分布, 就要问: 哪件事发生的概率是小概率 $\alpha = 0.01$ 呢? 由 χ^2 分布知, $P\{(\chi_0^2 \leqslant \chi_{1-\frac{\alpha}{2}}^2(n-1)) \cup (\chi_0^2 \geqslant \chi_{\frac{\alpha}{2}}^2(n-1))\} = \alpha$ 或 $P\{\chi_0^2 \geqslant \chi_\alpha^2(n-1)\} = \alpha$ 或 $P\{\chi_0^2 \leqslant \chi_{1-\alpha}^2(n-1)\} = \alpha$. 本问题背景下选择哪种形式的拒绝域呢? 我们观察到在零假设 $H_0: \sigma^2 = 12^2$ 下, 样本方差值 s^2 也应在 12^2 附近, 所以观测值 $\chi_0^2 = \dfrac{(n-1)s^2}{\sigma_0^2}$ 大于某个正数或者小于某个正数是不太可能发生的, 所以此时选择拒绝域 $C = \{(\chi_0^2 \leqslant \chi_{1-\frac{\alpha}{2}}^2(n-1)) \cup (\chi_0^2 \geqslant \chi_{\frac{\alpha}{2}}^2(n-1))\} = \{(\chi_0^2 \leqslant \chi_{0.995}^2(15)) \cup (\chi_0^2 \geqslant \chi_{0.005}^2(15))\} = \{(\chi_0^2 \leqslant 4.601) \cup (\chi_0^2 \geqslant 32.801)\}$.

下面就验证我们的样本观察值在没在上面的拒绝域里.

显然 $\chi_0^2 = \dfrac{(n-1)s^2}{\sigma_0^2} = \dfrac{15 \times 15^2}{12^2} = 23.4375$, 故接受零假设. 即在显著性水平 $\alpha = 0.01$ 下, 说明该机器近期工作正常.

因此, 可总结出假设检验的一般步骤:

(1) 建立零假设 $H_0: \sigma^2 = 12^2 \leftrightarrow$ 备择假设 $H_1: \sigma^2 \neq 12^2$;

(2) 构造统计量 $\chi_0^2 = \dfrac{(n-1)S^2}{\sigma_0^2} \sim \chi^2(n-1)$;

(3) 求出拒绝域 $C = \{(\chi_0^2 \leqslant \chi_{1-\frac{\alpha}{2}}^2(n-1)) \cup (\chi_0^2 \geqslant \chi_{\frac{\alpha}{2}}^2(n-1))\}$;

(4) 计算样本观察值 $\chi_0^2 = \dfrac{(n-1)s^2}{\sigma_0^2} = \dfrac{15 \times 15^2}{12^2} = 23.4375$;

(5) 观察 χ_0^2 的值是否落入拒绝域, 做出拒绝或者接受零假设的结论.

同样的思路可以总结归纳出在正态总体下, 方差的形如 (B) 和 (C) 形式下假设检验的方法步骤. 可得 (B) 形式的拒绝域 $C = \{\chi_0^2 \geqslant \chi_\alpha^2(n-1)\}$, (C) 形式的拒绝域 $C = \{\chi_0^2 \leqslant \chi_{1-\alpha}^2(n-1)\}$.

5.3.3　假设检验的两类错误

当然, 有时候最有可能的解释并非正确的解释, 极端罕见的事情总会发生. 比如, 在美国南加利福尼亚州的一位名叫琳达·库珀的女士被闪电击中了 4 次. 据美国联邦应急管理局披露的统计数字, 被闪电击中一次的概率只有 60 万分之一. 但琳达的保险公司不能因为她受伤的概率在统计学上几乎为零, 就拒绝替她支付医药费.

再回过头看我刚开始讲的我入高中时的成绩, 班主任老师是把我的学习状况定在入学成绩上, 觉得第一次期末考试成绩考那么好的概率会很低, 因此他怀疑我考试的真实性, 那么他就犯了错误. 这就是我们接下来要介绍的假设检验中的两类错误.

如果零假设是对的,那么对零假设的正确答案为"是". 但如果我们回答"不是",那就犯了错误,我们管这类错误叫作**第一类错误**,即第一类错误(type Ⅰ crror)是在假设检验中拒绝了本来是正确的零假设. 做检验时犯此类错误的概率记为 α,显然犯这类错误的概率是

$$P\{C|H_0\} \leqslant \alpha.$$

如果零假设是错的,那么对零假设的正确答案为"不是". 但如果我们回答"是",那也犯了错误,我们管这类错误叫作**第二类错误**,即第二类错误(type Ⅱ error)是在假设检验中没有拒绝本来是错误的零假设. 做检验时犯此类错误的概率记为 β,即

$$P\{\overline{C}|\overline{H}_0\} = \beta.$$

例 5.3.8 设正态总体 $X \sim N(\mu, \sigma^2)$,其中,$\sigma^2 = \sigma_0^2$ 已知,试用 X 的简单随机样本 $(X_1, X_2, \cdots, X_n)$ 构造下列假设的拒绝域:

$$H_0 : \mu = 0 \leftrightarrow H_1 : \mu \neq 0$$

并讨论假设检验的第一类错误和第二类错误的关系.

解:由题意知,显著性水平为 α 的拒绝域为 $C = \left\{ |\overline{X}| \geqslant z_{\frac{\alpha}{2}} \cdot \frac{\sigma_0}{\sqrt{n}} \right\}$,用 C 做检验犯第二类错误的概率为 $\beta = P\{\overline{C}|\overline{H}_0\}$ $= P\left\{ |\overline{X}| < z_{\frac{\alpha}{2}} \cdot \frac{\sigma_0}{\sqrt{n}} | \mu \neq 0 \right\}$,可以看出,显著性水平 α 越小,犯第一类错误的概率越小,但是 $z_{\frac{\alpha}{2}}$ 会越大,从而犯第二类错误的概率 β 越大. 即给定样本容量和检验统计量,显著性水平 α 越小,检验犯第一类错误的概率越小,但是,检验犯第二类错误的概率 β 会变大,因此它们是一对矛盾.

停下来想一想:一个人因为杀妻而受审. 他实际上是有罪的,但是陪审团确认他无罪. 这里的零假设 H_0 是:一个人无罪. 则在此案中陪审团犯的是第一类错误还是第二类错误? 你能够设想出一个陪审团犯了与以上错误不同的另一类错误的案例吗? 这两种错误中的哪一种是我们法律系统更情愿容忍的?

从实用的观点看,确实在多数假设检验问题中,第一类错误被认为更有害,更需要控制.

奈曼-皮尔逊(Neyman-Pearson)准则:假设检验的通常做法是通过选定适中的显著性水平 α. 在控制犯第一类错误的概率的条件下设法构造犯第二类错误的概率 β 最小的拒绝域.

一般地,事先给定显著性水平 α(通常取为 0.05),确定为犯第一类错误的概率. 通俗地讲,显著性水平是 0.05 的意思是:在零假设正确的情况下进行 100 次抽样,会有 5 次错误地拒绝了零假设. 显著水平 0.05 通常认为是一个合理的风险.

前面我们介绍的假设检验的实现方法是在数据收集以前就已经用确定好的小概率来构造一个拒绝区域. 为了用统计软件来方便地实现假设检验,一个重要的概念产生了,这就是在数据收集完毕之后计算出 p – 值,进而给出接受还是拒绝零假设的结论.

5.3.4　p – 值

在前面例5.3.6 中,用样本观察值得样本均值 407 元来判断总体均值是否超过 400 元. 为了确定像 7 元这么大的差异是否属于一类不常见的数据集合,我们计算当总体均值为 400 时,得到一个大于等于 407 的样本均值的概率. 这个概率称为 p – **值**(**p – value**). 即 p – 值是当零假设正确时,得到所观测的数据或更极端的数据的概率. 当 p – 值很小,以至于几乎不可能在零假设正确时出现目前的观测数据时,我们就拒绝零假设. p – 值越小,拒绝零假设的理由就越充分. 但什么才算"小"呢? 概率是 0 到 1 之间的一个数,因此小概率就应该是接近 0 的一个数.

著名的英国统计学家费歇尔把 0.05 作为标准,从此 0.05 或者比 0.05 小的概率都被认为是小的. (费歇尔没有任何深奥的理由解释他为什么选择 0.05,只是说他忽然想起来的.)

我们应该在 p – 值多小时才拒绝零假设的问题,原则上来说应该由错误拒绝零假设的后果来决定,因此 p – 值与显著性水平 α 是有密切联系的.

我们给出 p – 值的等价定义:在一个假设检验问题中,拒绝零假设的最小显著性水平称为该检验的 p – 值. 因此,我们有在显著性水平 α 下,拒绝零假设的充分必要条件是 $\alpha \geq p$.

例 5.3.9　计算例 5.3.6 中的 p – 值,进而判断总体均值是否超过 400 元.

解:(1)建立零假设 $H_0: \mu \leq \mu_0 (\mu_0 = 400)$;

(2)假定零假设 H_0 成立,构造检验统计量 $Z = \dfrac{\overline{X} - \mu_0}{S/\sqrt{n}}$;

(3)计算统计量 Z 的观测值

$$z = \frac{\overline{x} - \mu_0}{s/\sqrt{n}} = \frac{407 - 400}{38/\sqrt{172}} \approx 2.41;$$

(4)计算检验的 p – 值

$$p = P\{Z \geq 2.41\} = 0.008.$$

显然 p – 值充分地小,我们拒绝零假设. 或者这样判断:在显著性水平 $\alpha = 0.05$ 下,p – 值 $0.008 < 0.05$,所以拒绝零假设,即可认为总体均值超过 400 元.

5.3.5　两个总体均值之差的假设检验

从总体均值为 μ_1 的正态总体中随机抽取容量为 n_1 的样本，从总体均值为 μ_2 的正态总体中随机抽取容量为 n_2 的样本，两个样本的样本均值分别为 $\overline{X}_1$ 和 $\overline{X}_2$，样本标准差分别为 S_1 和 S_2，假设两个总体有相同的方差. 其假设检验形式及相应判断方法步骤如下：

（A）　$H_0:\mu_1-\mu_2=0\leftrightarrow H_a:\mu_1-\mu_2\neq0$，

1）选取检验统计量 $T=\dfrac{\overline{X}_1-\overline{X}_2}{S\sqrt{\dfrac{1}{n_1}+\dfrac{1}{n_2}}}$，其中，$S=\sqrt{\dfrac{(n_1-1)S_1^2+(n_2-1)S_2^2}{n_1+n_2-2}}$；

2）构造检验拒绝域 $C=\{|T|\geq t_{\frac{\alpha}{2}}\}$，其中，$t_{\frac{\alpha}{2}}$ 是自由度为 n_1+n_2-2 的 t 分布的上 $\dfrac{\alpha}{2}$ 分位数；

3）在零假设 H_0 成立下，计算观测值 $t=\dfrac{\overline{x}_1-\overline{x}_2}{s\sqrt{\dfrac{1}{n_1}+\dfrac{1}{n_2}}}$，通过此值是否落入拒绝域，进而对 H_0 做出拒绝与否的统计推断.

（B）　$H_0:\mu_1-\mu_2\leq0\leftrightarrow H_1:\mu_1-\mu_2>0$.

1）选取检验统计量 $T=\dfrac{\overline{X}_1-\overline{X}_2}{S\sqrt{\dfrac{1}{n_1}+\dfrac{1}{n_2}}}$，其中，$S=\sqrt{\dfrac{(n_1-1)S_1^2+(n_2-1)S_2^2}{n_1+n_2-2}}$；

2）构造检验拒绝域 $C=\{T\geq t_{\alpha}\}$. 其中，t_{α} 是自由度为 n_1+n_2-2 的 t 分布的上 α 分位数；

3）在零假设 H_0 成立下，计算观测值 $t=\dfrac{\overline{x}_1-\overline{x}_2}{s\sqrt{\dfrac{1}{n_1}+\dfrac{1}{n_2}}}$，通过此值是否落入拒绝域，进而对 H_0 做出拒绝与否的统计推断.

（C）　$H_0:\mu_1-\mu_2\geq0\leftrightarrow H_1:\mu_1-\mu_2<0$

1）选取检验统计量 $T=\dfrac{\overline{X}_1-\overline{X}_2}{S\sqrt{\dfrac{1}{n_1}+\dfrac{1}{n_2}}}$，其中，$S=\sqrt{\dfrac{(n_1-1)S_1^2+(n_2-1)S_2^2}{n_1+n_2-2}}$；

2）构造检验拒绝域 $C=\{T\leq-t_{\alpha}\}$，其中，t_{α} 是自由度为 n_1+n_2-2 的 t 分布的上 α 分位数；

3）在零假设 H_0 成立下，计算观测值 $t=\dfrac{\overline{x}_1-\overline{x}_2}{s\sqrt{\dfrac{1}{n_1}+\dfrac{1}{n_2}}}$，通过此值是否落入拒绝域，进而对 H_0 做出拒绝与否的统计推断.

例 5.3.10　某工厂为了比较两种装配方法的效率，分别组织了两组员工，每组 9 人，一组采用新的装配方法，另外一组采用旧的装配方法. 假设两组员工设备的装配时间均服从正态分布,两总体的方差相等但未知. 现有 18 名员工的设备装配时间如下表,根据表 5.3.1 的数据,是否有理由认为新的装配方法更节约时间?（显著水平为 0.05）

表 5.3.1　两组员工设备的装配时间　　（单位:h）

新方法(x_2)	35	31	29	25	34	40	27	32	31
旧方法(x_1)	32	37	35	38	41	44	35	31	34

解:由题意知 $\bar{x}_1 = 36.333, \bar{x}_2 = 31.556, s = 4.333$

思路 1　利用显著性水平计算

(1)建立假设　$H_0 : \mu_旧 - \mu_新 \leqslant 0 \leftrightarrow H_1 : \mu_旧 - \mu_新 > 0$;

(2)选取检验统计量 $T = \dfrac{\bar{X}_1 - \bar{X}_2}{S\sqrt{\dfrac{1}{9} + \dfrac{1}{9}}}$,其中,$S = \sqrt{\dfrac{(n_1-1)S_1^2 + (n_2-1)S_2^2}{16}}$;

(3)构造检验拒绝域 $C = \{T \geqslant t_\alpha = 1.75\}$;

(4)在零假设 H_0 成立下,计算观测值 $t = \dfrac{\bar{x}_1 - \bar{x}_2}{s\sqrt{\dfrac{1}{9} + \dfrac{1}{9}}} =$

$\dfrac{36.333 - 31.556}{4.333 \times \sqrt{\dfrac{1}{9} + \dfrac{1}{9}}} = 2.339 > 1.75$,因此在显著水平 0.05 下我们拒

绝零假设 H_0,即认为新的装配方法更节约时间.

思路 2　利用 p - 值计算

(1)建立假设　$H_0 : \mu_旧 - \mu_新 \leqslant 0 \leftrightarrow H_1 : \mu_旧 - \mu_新 > 0$;

(2)在零假设 H_0 成立下,选取检验统计量 $T = \dfrac{\bar{X}_1 - \bar{X}_2}{S\sqrt{\dfrac{1}{9} + \dfrac{1}{9}}}$,其

中,$S = \sqrt{\dfrac{(n_1-1)S_1^2 + (n_2-1)S_2^2}{16}}$;

(3)计算观测值 $t = \dfrac{\bar{x}_1 - \bar{x}_2}{s\sqrt{\dfrac{1}{9} + \dfrac{1}{9}}} = \dfrac{36.333 - 31.556}{4.333 \times \sqrt{\dfrac{1}{9} + \dfrac{1}{9}}} = 2.339$;

(4)计算 p - 值 $p = P\{T \geqslant 2.339\} = 0.02 < 0.05$.

显然 p - 值很小,因此在显著水平 0.05 下我们拒绝零假设 H_0,即认为新的装配方法更节约时间.

5.3.6　假设检验与构造置信区间

假设检验与构造置信区间两者都是做出关于参数值的结论,并继而认识现实世界的方法,它们都是以样本数据为基础. 在假设检

验中，我们的焦点是一个参数的一个特别的值，并且问是否该参数有可能等于该值，例如，智商测验的总平均值是否有可能等于 100. 若我们用置信区间来估计该参数的真值，则给总体均值一个可能的取值区间，如为总体均值找到 102 到 107 的置信区间.

若置信区间的范围是从 L 到 U，我们希望这个区间包含参数的真值. 如果零假设中的相关的参数值在 L 到 U 之间，我们就不拒绝零假设，如该值在这个区间之外的某个地方，则拒绝零假设.

在许多方面置信区间比假设检验提供的信息要多. 置信区间给了我们一个参数值的可能范围，而假设检验只考虑到一个可能值. 例如在假设检验智商的平均值中，如果总体参数不是 100，那么我们就不清楚它是多少了.

学以致用：女士品茶问题

背景：20 世纪 20 年代末一个夏日的午后，在英国剑桥大学一群大学教员和家人围坐在室外的一张桌子周围喝下午茶. 一位女士坚持认为，将茶倒进牛奶里和将牛奶倒进茶里的味道是不同的，在座的大多数人都觉得不可能有区别. 此时，一个又矮又瘦、带着厚厚的眼镜的男子表情变得严肃起来，沉思一会后，激动地说，"这是假设检验问题. 让我们检验这个命题吧！"

费歇尔设计了如下试验：取 8 个一样的杯子，其中四杯按先加茶后加奶的方式制作. 另外四杯按相反顺序制作. 然后把这八个杯子随机排序让该女士逐一品尝. 据说该女士将八杯全部鉴别正确.

问题：能否据此说明该女士具备她声称的鉴别能力？

逸闻趣事：

费歇尔（R. A. Fisher 1890—1962）出生于一个中产家庭，父亲是成功的商人.

他有着"超乎常人"的几何直观能力（这种能力应该是他一路读书求学期间为了克服困扰他终身的严重眼疾练就的），由于不能在灯光下看书，只能在夜晚由助教给他上课和辅导. 大概正是这种能力，成就了传奇的费歇尔——那个总有无数原创性的思想、解决了统计诸多难题的费歇尔，也是那个难于理解的、偏执的费歇尔.

费歇尔早期写的文章数学性非常强，使用了大量的数学符号，一页里有一多半都是数学公式. 这样的文章对大众几乎是"令人生畏"的，就是数学基础不弱的同时代其他统计学家（戈塞特、卡尔·皮尔逊）也在通信中直接表示：看不懂. 这是他和卡尔·皮尔逊日后交恶的一个客观原因.

由于和卡尔·皮尔逊关系的恶化，卡尔·皮尔逊担任主编的

图 5.3.1

《生物统计》不发表费歇尔的文章,而该领域另一著名期刊《皇家统计学会期刊》也没有发表费歇尔的论文.

费歇尔和卡尔·皮尔逊的学术斗争以费歇尔的全面胜利而告终,但费歇尔的争斗还将继续下去.卡尔·皮尔逊从伦敦大学退休后,大学将他创立的生物统计系一分为二.原属卡尔·皮尔逊的"高尔顿"教席和优生学系主任,归属费歇尔.卡尔·皮尔逊的儿子埃贡·皮尔逊接管分裂过后的生物统计系,并同时担任《生物统计》的编委.费歇尔对埃贡·皮尔逊饱含敌意——他不喜欢埃贡的父亲,也不喜欢埃贡的朋友和重要合作者、统计届冉冉崛起的新星——奈曼.

练习 5.3

1. 设 α,β 分别是假设检验中犯第一、第二类错误的概率,H_0,H_1 分别为零假设和备择假设,则

(1)$P\{$接受 $H_0|H_0$ 不真$\}$ = _____;(2)$P\{$拒绝 $H_0|H_0$ 真$\}$ = _____;

(3)$P\{$拒绝 $H_0|H_0$ 不真$\}$ = _____;(4)$P\{$接受 $H_0|H_0$ 真$\}$ = _____.

2. 设总体 $X \sim N(\mu,\sigma^2)$,其中,μ 未知,$X_1,X_2,\cdots,X_n$ 是来自 X 的一个简单的随机样本,若假设检验问题是 $H_0:\sigma^2 = 1 \leftrightarrow H_1:\sigma^2 \neq 1$,则采用的检验统计量应为_____.

本章小结

本章详细讨论了统计推断:参数估计和假设检验.

参数估计包括点估计和区间估计.

点估计中介绍了两种方法:矩估计和最大似然估计.掌握矩估计和最大似然估计的思想,会求一些常见分布中未知参数的矩估计和最大似然估计,并且会比较它们的优劣.

理解区间估计的思想,会求一些常见分布中未知参数的区间估计,知道影响样本容量的因素有哪些.

理解假设检验的思想和基本概念,掌握有关假设检验的步骤,会对单正态总体的参数进行假设检验.

重要术语

点估计　矩估计　最大似然估计　无偏估计　有效估计　相合估计　区间估计　置信水平　假设检验　零假设　备择假设　显著性水平　拒绝域

习题 5

一、简答题

1. 统计推断的目的是什么?

2. 什么是一个参数的点估计? 什么是一个参数的区间估计? 说出这两类参数估计方法各自的优缺点.

3. 某参数有一个无偏估计是什么意思?

4. 假设你从总体中抽取了大量样本,并且用每个样本都构造了一个总体均值的置信区间. 如果从这些置信区间中随机选一个,那么它不包含总体参数的区间的概率有多大?

5. 描述缩减置信区间长度的办法.

6. 由于总体参数的值是永远不可知的,那么统计学家是否不应该试图了解总体参数? 请解释.

7. 生活中你遇到过置信区间吗? 请举例说明.

8. 什么是零假设? 零假设与备择假设有什么不同? 请写出它们各自的符号.

9. 让一年级的一半学生在语文课和数学课之间休息 20min,同时让另一半学生在这 20min 里做作业. 我们做这个实验的目的是想说明户外运动有助于提高学生的数学成绩. 这个检验的零假设和备择假设分别是什么?

10. 一般来说,如果样本均值与零假设中所设的总体均值相差很大,是否应该拒绝零假设?

11. 如果"总体均值等于 4"的零假设在研究过程中被错误地拒绝了,请问这是犯了第一类错误吗?

12. 如果你没能拒绝零假设,是否等于已经证明了零假设是对的?

13. p – 值能告诉我们什么信息? 当相应的 p – 值较小时,为什么要拒绝零假设? 显著水平与 p – 值有何区别?

二、计算题

1. 某微波炉生产厂家想要了解微波炉在居民家庭生活中的使用情况. 他们从某地区已购买了微波炉的 2200 个居民户中用简单随机抽样的方法以户为单位抽取了 30 户,询问每户一个月中使用微波炉的时间. 调查结果见表 5.3.2(单位:min).

表 5.3.2

300	450	900	50	700	400	520	600	340	280
380	800	750	550	20	1100	440	460	580	650
430	460	450	400	360	370	560	610	710	200

试给出该地区已购买了微波炉的居民户平均一户一个月使用微波炉时间的矩估计值.

2. 设总体 X 服从泊松分布 $P(\lambda)$，参数 λ 未知，$X_1, X_2, \cdots, X_n$ 是来自该总体的一个简单随机样本，求参数 λ 的矩估计量.

3. 设总体 X 服从参数为 λ 的指数分布，参数 $\lambda > 0$ 未知，$X_1, X_2, \cdots, X_n$ 是来自该总体的一个简单随机样本，求参数 λ 的矩估计量.

4. 设总体 $X \sim U(a,b)$，参数 a,b 未知，$X_1, X_2, \cdots, X_n$ 是来自该总体的一个简单随机样本，求参数 a,b 的矩估计量.

5. 设总体 X 的 k 阶原点矩 $\mu_k = E(X^k)$ 存在，$X_1, X_2, \cdots, X_n$ 是来自该总体的一个简单随机样本，证明：不论 X 服从什么分布，k 阶样本原点矩 $A_k = \dfrac{1}{n} \sum_{i=1}^{n} X_i^k$ 都是 μ_k 的无偏估计.

6. 设总体 $X \sim N(1, \sigma^2)$，其中，$\sigma > 0$ 未知，$X_1, X_2, \cdots, X_n$ 是来自该总体的一个简单随机样本，考查下面 σ^2 的两个估计量，检验它们的有效性和无偏性，如果都无偏，哪个更有效？

(1) $\hat{\sigma}_1^2 = S^2 = \dfrac{1}{n-1} \sum_{i=1}^{n} (X_i - \overline{X})^2$；

(2) $\hat{\sigma}_2^2 = \dfrac{1}{n} \sum_{i=1}^{n} (X_i - 1)^2$.

7. 设随机变量 X 的分布函数为：

$$F(x; \alpha, \beta) = \begin{cases} 1 - \left(\dfrac{\alpha}{x} \right)^{\beta}, & x > \alpha, \\ 0, & x \leqslant \alpha. \end{cases}$$

其中，参数 $\alpha > 0, \beta > 1$，设 $X_1, X_2, \cdots, X_n$ 是来自 X 的简单随机样本.

(1) 当 $\alpha = 1$ 时，求未知参数 β 的矩估计量；
(2) 当 $\alpha = 1$ 时，求未知参数 β 的最大似然估计量；
(3) 当 $\beta = 2$ 时，求未知参数 α 的最大似然估计量.

8. 设随机变量 X 的密度函数为 $f(x) = \begin{cases} \dfrac{2x}{\theta^2}, & 0 < x < \theta \\ 0, & \text{其他} \end{cases}$，其中，未知参数 $\theta > 0$，$X_1, X_2, \cdots, X_n$ 是来自 X 的一个简单随机样本，求 θ 的矩估计量和最大似然估计量.

9. 设某种元件的使用寿命 X 的密度函数为 $f(x) = \begin{cases} 2e^{-2(x-\theta)}, & x > 0, \\ 0, & \text{其他}, \end{cases}$ 其中，未知参数 $\theta > 0$，$x_1, x_2, \cdots, x_n$ 是来自 X 的一个样本观察值，求参数 θ 的最大似然估计值.

10. 设随机变量 X 的密度函数为 $f(x) = \begin{cases} \theta, & 0 < x < 1 \\ 1 - \theta, & 1 \leqslant x < 2, \\ 0, & \text{其他} \end{cases}$

其中，未知参数 $\theta > 0$，$X_1, X_2, \cdots, X_n$ 是来自 X 的一个简单随机样

本,其观测值为 $x_1, x_2, \cdots, x_n$,设 N 为样本值 $x_1, x_2, \cdots, x_n$ 中小于 1 的个数,求 θ 的最大似然估计量.

11. 设总体 X 的密度函数为 $f(x) = \begin{cases} \dfrac{\beta}{x^{\beta+1}}, & x > 1, \\ 0, & x \leq 1 \end{cases}$ 其中,未知参数 $\beta > 1$,$X_1, X_2, \cdots, X_n$ 是来自 X 的一个简单随机样本,求 β 的矩估计量和最大似然估计量.

12. 设某种电子元件的使用寿命 T 的分布函数为 $F(t) = \begin{cases} 1 - e^{-\left(\frac{t}{\theta}\right)^m}, & t \geq 0, \\ 0, & \text{其他}, \end{cases}$ 其中,θ, m 为参数且大于零.

(1)求概率 $P(T > t)$ 与 $P(T > s + t \mid T > s)$,其中,$s > 0, t > 0$.

(2)任取 n 个这种元件做寿命试验,测得它们的寿命分别是 $t_1, t_2, \cdots, t_n$,若 m 已知,求 θ 的最大似然估计值 $\hat{\theta}$.

13. 已知总体 X 的密度函数为 $f(x, \sigma) = \dfrac{1}{2\sigma} e^{-\frac{|x|}{\sigma}}$,$-\infty < x < +\infty$,$X_1, X_2, \cdots, X_n$ 为来自总体 X 的简单随机样本,σ 为大于 0 的参数,σ 的最大似然估计量为 $\hat{\sigma}$.

(1)求 $\hat{\sigma}$;

(2)求 $E\hat{\sigma}, D\hat{\sigma}$.

14. 某工程师为了了解一台天平的精度,用该天平对一物体的质量做 n 次测量,该物体的质量 μ 是已知的,设 n 次测量结果 $X_1, X_2, \cdots, X_n$ 相互独立,且均服从正态分布 $N(\mu, \sigma^2)$,该工程师记录的是 n 次测量的绝对误差 $Z_i = |X_i - \mu|$,$(i = 1, 2, \cdots, n)$,利用 $Z_1, Z_2, \cdots, Z_n$ 估计 σ.

(1)求 Z_1 的概率密度;

(2)利用一阶矩求 σ 的矩估计量;

(3)求 σ 的最大似然估计量.

15. 根据长期试验,飞机的最大飞行速度服从正态分布. 现对某新型飞机进行了 15 次试飞,测得各次试飞时的最大飞行速度(单位:m/s)(见表 5.3.3).

表 5.3.3

422.2	417.2	425.6	425.8	423.1	418.7	428.2	438.3	434.0
412.3	431.5	413.5	441.3	423.0	420.3			

试对该新型飞机最大飞行速度的均值进行区间估计. (置信水平是 0.95)

16. 某厂生产滚珠,从生产的产品中随机抽取 6 个,测得直径分别为:(单位:mm)

14.6　15.1　14.9　14.8　15.2　15.1.

假设滚珠的直径服从正态分布 $N(\mu, 0.06)$. 求滚珠的平均直径 μ 的

95%的区间估计,并说明你是怎么理解这个区间估计?

17. 根据一项社会调查发现,成年人样本中有60%的人认为自己生活幸福,请算出所有成年人有同样想法者所占比例的95%置信区间. 其中样本容量分别是(1)$n=750$;(2)$n=3000$.

18. 已知幼儿身高服从正态分布,现从 5～6 岁幼儿中随机抽取 9 人,这9人的身高分别是(单位:cm):115,120,131,115,109,115,115,105,110;假设总体标准差 $\sigma_0=7$,求在置信水平95%下,总体均值 μ 的置信区间.

19. 假设某厂生产网球,网球的直径(单位:cm)服从正态分布 $X \sim N(\mu,\sigma^2)$,随机抽取 4 个网球,测得它们的直径分别是 6.5,6.6,6.8,6.6,求在下述情况下网球直径均值 μ 的置信水平95%的置信区间.

(1)$\sigma^2=0.09$;(2)σ^2 未知.

20. 已知某汽车配件生产企业所生产的一种汽车配件的长度服从正态分布,有一批刚生产的这种配件,已知其总体的标准差是0.49cm,现从中随机抽取了 10 件,经过测量得到它们的长度如下(单位:cm):

 12.2 10.8 12.0 11.8 11.9 12.4 11.3 12.2 12.0 12.3

请解答:

(1)该配件平均长度的矩估计值;

(2)建立该批汽车配件平均长度95%的置信区间,并解释这个置信区间的含义($z_{0.025}=1.96,z_{0.05}=1.65$)

21. 研究某居民小区职工上班从家到单位的距离,已知职工上班从家到单位的距离服从正态布,总体标准差是4.1km,抽取了由16人组成的一个随机样本,他们到单位的距离(单位:km)(见表5.3.4).

表 5.3.4

10	3	14	8	6	9	12	11
7	5	10	15	9	16	13	2

求(1)职工从家到单位上班平均距离的矩估计值;

(2)建立职工从家到单位上班平均距离95%的置信区间,并解释它的含义.

22. 已知某种电子元件的使用寿命服从正态分布,有一批刚生产的这种电子元件,已知其总体的标准差是24.65h,要估计该批电子元件平均使用寿命95%的置信区间,希望估计误差不超过10h,则样本容量至少应为多少?

23. 已知初婚年龄服从正态分布. 根据对 9 个人的调查结果可知,样本均值 $\bar{x}=23.5$ 岁,样本标准差 $s=3$ 岁. 问是否可以认为该地

区初婚年龄的数学期望已经超过 20 岁?(显著水平 $\alpha = 0.05$)

24. 从某市已办理购房贷款的全体居民中用简单随机不放回方式抽取了 342 户,其中月收入 5000 元以下的有 137 户,户均借款额 7.4635 万元,各户借款额之间的方差是 24.999;月收入 5000 元及以上的有 205 户,户均借款额 8.9756 万元,各户借款额之间的方差是 28.541. 可见,在申请贷款的居民中,收入较高者,申请数额也较大. 试问:收入水平不同的居民之间申请贷款水平的这种差别是一种必然规律,还是纯属偶然?(提示:用显著水平 $\alpha = 0.05$,或用 p-值试试).

25. 用不放回简单随机抽样方法分别从甲、乙两地各抽取 200 名六年级学生进行数学测验,平均成绩分别为 62 分和 67 分,标准差分别为 25 分和 20 分,现在以 0.05 的显著水平检验两地六年级数学教学水平是否显著地有差异?

26. 某企业职工上月平均奖金为 402 元,本月随机抽取 50 人调查,其平均奖金为 412.4 元. 现假定本月职工收入服从正态分布,且标准差是 35 元,问在 0.05 的显著性水平下,能否认为该企业职工平均奖金本月比上月有明显提高?

27. 某医院用一种中药治疗高血压,现需要检验其疗效,已知病人治疗前后的舒张压之差服从正态分布,其标准差为 10.58,现抽查 50 名病人,他们治疗前后舒张压之差的均值为 16.28,问在 0.05 的显著性水平下该中药对治疗高血压是否有效?

28. 电视机显像管批量生产的质量标准为平均使用寿命 1200h,标准差为 300h,某电视机厂随机抽取了 100 件产品作为样本,测得平均使用寿命为 1146h. 在显著性水平 $\alpha = 0.05$ 下,能否说明该厂显像管使用寿命明显减少?

【$z_{0.05} = 1.65$　$z_{0.025} = 1.96$】

标准正态分布函数值表

$$\Phi(x) = \int_{-\infty}^{x} \frac{1}{\sqrt{2\pi}} e^{-u^2/2} \mathrm{d}u = P(X \leqslant x)$$

x	0	1	2	3	4	5	6	7	8	9
0.0	0.5000	0.5040	0.5080	0.5120	0.5160	0.5199	0.5239	0.5279	0.5319	0.5359
0.1	0.5398	0.5438	0.5478	0.5517	0.5557	0.5596	0.5636	0.5675	0.5714	0.5753
0.2	0.5793	0.5832	0.5871	0.5910	0.5948	0.5987	0.6026	0.6064	0.6103	0.6141
0.3	0.6179	0.6217	0.6255	0.6293	0.6331	0.6368	0.6406	0.6443	0.6480	0.6517
0.4	0.6554	0.6591	0.6628	0.6664	0.6700	0.6736	0.6772	0.6808	0.6844	0.6879
0.5	0.6915	0.6950	0.6985	0.7019	0.7054	0.7088	0.7123	0.7157	0.7190	0.7224
0.6	0.7257	0.7291	0.7324	0.7357	0.7389	0.7422	0.7454	0.7486	0.7517	0.7549
0.7	0.7580	0.7611	0.7642	0.7673	0.7703	0.7734	0.7764	0.7794	0.7823	0.7852
0.8	0.7881	0.7910	0.7939	0.7967	0.7995	0.8023	0.8051	0.8078	0.8106	0.8133
0.9	0.8159	0.8186	0.8212	0.8238	0.8264	0.8289	0.8315	0.8340	0.8365	0.8389
1.0	0.8413	0.8438	0.8461	0.8485	0.8508	0.8531	0.8554	0.8577	0.8599	0.8621
1.1	0.8643	0.8665	0.8686	0.8708	0.8729	0.8749	0.8770	0.8790	0.8810	0.8830
1.2	0.8849	0.8869	0.8888	0.8907	0.8925	0.8944	0.8962	0.8980	0.8997	0.9015
1.3	0.9032	0.9049	0.9066	0.9082	0.9099	0.9115	0.9131	0.9147	0.9162	0.9177
1.4	0.9192	0.9207	0.9222	0.9236	0.9251	0.9265	0.9278	0.9292	0.9306	0.9319
1.5	0.9332	0.9345	0.9357	0.9370	0.9382	0.9394	0.9406	0.9418	0.9430	0.9441
1.6	0.9452	0.9463	0.9474	0.9484	0.9495	0.9505	0.9515	0.9525	0.9535	0.9545
1.7	0.9554	0.9564	0.9573	0.9582	0.9591	0.9599	0.9608	0.9616	0.9625	0.9633
1.8	0.9641	0.9648	0.9656	0.9664	0.9671	0.9678	0.9686	0.9693	0.9700	0.9706
1.9	0.9713	0.9719	0.9726	0.9732	0.9738	0.9744	0.9750	0.9756	0.9762	0.9767
2.0	0.9972	0.9778	0.9783	0.9788	0.9793	0.9798	0.9803	0.9808	0.9812	0.9817
2.1	0.9821	0.9826	0.9830	0.9834	0.9838	0.9842	0.9846	0.9850	0.9854	0.9857
2.2	0.9861	0.9864	0.9868	0.9871	0.9874	0.9878	0.9881	0.9884	0.9887	0.9890
2.3	0.9893	0.9896	0.9898	0.9901	0.9904	0.9906	0.9909	0.9911	0.9913	0.9916
2.4	0.9918	0.9920	0.9922	0.9925	0.9927	0.9929	0.9931	0.9932	0.9934	0.9936
2.5	0.9938	0.9940	0.9941	0.9943	0.9945	0.9946	0.9948	0.9949	0.9951	0.9952
2.6	0.9953	0.9955	0.9956	0.9957	0.9959	0.9960	0.9961	0.9962	0.9963	0.9964
2.7	0.9965	0.9966	0.9967	0.9968	0.9969	0.9970	0.9971	0.9972	0.9973	0.9974
2.8	0.9974	0.9975	0.9976	0.9977	0.9977	0.9978	0.9979	0.9979	0.9980	0.9981
2.9	0.9981	0.9982	0.9982	0.9983	0.9984	0.9984	0.9985	0.9985	0.9986	0.9986
3.0	0.9987	0.9990	0.9993	0.9995	0.9997	0.9998	0.9998	0.9999	0.9999	1.0000

注:表中末行系函数值 $\Phi(3.0), \Phi(3.1), \cdots, \Phi(3.9)$.

参 考 文 献

［1］王梓坤. 概率论基础及其应用［M］. 北京:科学出版社,1979.

［2］盛骤,谢式干,潘承毅. 概率论与数理统计［M］. 北京:高等教育出版社,1989.

［3］魏宗舒,等. 概率论与数理统计教程［M］. 北京:高等教育出版社,1983.

［4］PETER O. 生活中的概率趣事［M］. 赵莹,译. 北京:机械工业出版社,2018.

［5］DAVID. 女士品茶［M］. 刘清山,译. 南昌:江西人民出版社,2016.